지역 만들기의 신조류

마츠나가 야스미츠　토쿠다 미츠히로 저
온영태　염철호 역

기문당

머 리 말

2005년 가을 쇼코쿠사(彰國社)에서 이 책에 앞서 간행한 저서『마을 만들기의 신조류 – 콤팩트 시티 · 뉴어바니즘 · 어반빌리지』는 다행히 호평을 받았으며 곧 한국어판이 나오고, 경제지의 베스트 비즈니스 서(書)로 랭크되었으며, 재판 삼판을 거듭했다. 더불어, 거기에 소개한 콤팩트 시티의 개념은 2006년 봄에 실시된 소위「마을 만들기 3법」의 개정으로 국가의 기본 방침으로 공인되기에 이르렀다.

그러나 그 한편으로는 콤팩트 시티 사이의 공백이 되는 지역은 고스란히 남게 되지는 않을까 라든가, 앞서 간행된 저서에서 언급하지 않았던「중산간지(中山間地)」의 지역 만들기를 어떻게 할 것인가 라든가, 혹은 앞선 저서에 소개했던 마을 만들기의 실제 체계는 어떻게 되어 있는 것인가 등의 의문도 다수 제기되었다. 거기에서 가고시마(鹿児島)대학 공학부 건축학과 도시 디자인 연구실에 소속된 우리들은 가고시마 소재의 재단법인 요네모리(米盛) 성심육성회의 원조를 받아, 2년에 걸쳐 유럽으로 건너가 현지 조사를 계속했다. 국가의 연구비로 진행한 전회의 조사와 합쳐 우리들의 조사는 5년에 걸쳐 이루어졌다. 본서는 그 성과를 바탕으로 앞선 저서의 속편으로서 정리한 것이다.

앞선 저서의「머리말」에도 썼지만 일반시민의 마을 만들기나 지역 만들기에 대한 관심은 대단히 높아져 있으며, 특히 놀라운 것은 최근 어떤 대학에서 실시했던 연속 강의에 고등학생들이 청강을 하러 와서 상당히 열의를 가지고 질의를 했던 것이다. 바야흐로 학습은 평생에 걸쳐서 계획되는 것이라는 공통의 이해가 사회에 배양되고 있지만, 문자 그대로 10대부터 80대까지 이와 같은 문제에 관심이 높아지고 있다는 것은 마을 경관의 추함에 대한 불만에서 비롯되어 지방과 대도시 사이의 지역 격차나 그 결과 발생되는 취락 소멸 등에 대한 불안감 등이 세대의 벽을 넘어 공유되고 있기 때문이라고밖에 할 수 없을 것이다.

이번에 우리들이 조사한 지역은 이탈리아, 핀란드 등 전회에 조사하지 않았던 EU 남북지역 외에 전회에 방문했던 영국과 독일의 관계기관 등이다. 전회의 조사와 마찬가지로 이번에도 그 지역의 실태를 체감하는 것을 첫 번째 목표로 하여 지역에 체재하면서 그곳 특유의 먹을거리를 맛보고, 행정관계자와 주민들의 이야기를 듣는 것에 전념했다. 특히 지역조성은 지역 자치단체의 관여가 중요하기 때문에, 가능한 한 시(市) 관공서 등을 방문한 것이 이번 조사의 특징이다.

제1장에서는 현재 일본뿐만 아니라 많은 선진국에서 진행되고 있는 지역 격차 상황을 개괄적으로 살펴보고 지역의 황폐 상황을 기술하였다. 또한 콤팩트 시티 정책에서 해결하지 못한 지역의 문제도 다루었다. 제2장에서는 슬로우 시티와 아그리투리즈모(agriturismo)의 개념을 중심으로 한 이탈리아 각지의 지역 만들기에 대한 대응을 소개했다. 제3장에서는 일본과 대조적으로「큰 정부」로 획기적인 지역 만들기를 하고 있는 핀란드를 중심으로 한 각지의 대응을 살펴보았다. 제4장에서는 장기적인 관점에서 역사를 생각하는 영국의 지역 만들기를 런던 교외 등도 포함하여 소개했다. 제5장에서는 앞선 저서에서 다루었던 독일 지방 도시의 그 후 전개를 중심으로 한 현지에서의 추가조사 결과를 리포트 했다. 제6장에서는 이들 사례에서 읽어 낼 수 있는 21세기 지역 만들기 방식에 대해서 요약했다. 제7장에서는 특히 이탈리아의 슬로우 시티와 같은 작은 커뮤니티가 국제적 네트워크에 의해서 비약적인 힘을 발휘하는 흐름을 최신의 네트워크 이론의 관점에서 살펴보았다. 제8장에서는 국내 특정 지역의 문제를 대상으로, 필자의 대학원에서 실시했던 지역 만들기 케이스 스터디를 소개했다.

더불어, 앞선 저서도 새로운 시점에서의 지역 순회 가이드북으로서도 이용할 수 있도록 의도했듯이, 본서 또한 선진 지역 순회 가이드북으로서 애용되기를 바라는 바이다.

역자 머리말

이 책은 '마을 만들기의 신조류(「まちづくりの新潮流」 : 국내에는 '도시계획의 신조류'라는 제목으로 번역되어 소개된 바 있음)'의 후속편이다. 이 두 책은 삶의 물리적 토대가 되는 정주공간 만들기라는 공통의 주제를 그 대상을 달리하여 다루고 있다. 앞선 책의 관심은 도시공간 만들기에 있었다. 과밀과 혼잡, 교외지역의 난개발, 비인간화된 공간, 근린성의 상실 등 서구의 선진 여러 나라의 대도시들이 공통적으로 앓아 왔던 문제 해결을 위한 모색과정의 현장조사 보고서라고 할 수 있는 것이었다. 특히 대안적 개념으로 관심을 모으고 있는 콤팩트 시티, 뉴어바니즘, 어반빌리지를 중심으로 한 도시공간 만들기의 동향을 생생하게 전달해 주었다. 이번 책은 지난 번 책에서 다루지 않았던 도시와 도시 사이에 있는 공간에 초점을 맞추고 있다. 특히 중앙이 아닌 지방, 도시가 아닌 농·어촌과 산촌, 대도시 주변부 등 소외되고 낙후되다가 황폐화되어 가는 지역에서의 살만한 공간 만들기에 관심을 두고 있다. 지난 번 책과 마찬가지로 비슷한 문제를 먼저 겪었던 서구의 여러 나라의 경험을 현장 방문을 통해 보고하는 형식을 취하고 있다.

이 책은 어떻게 사는 것이 정말 잘사는 것인가라는 본질적인 문제에 닿아 있는 슬로우 푸드(slow food)운동에서 출발점을 두고 그 활동의 폭을 넓혀가고 있는 이탈리아의 슬로우 시티(slow city) 운동의 현장 방문으로 시작된다. 이어서 같은 나라에서 1960년대에 시작된 정부의 농촌 민박보조 프로그램에서 발전하여 확산되고 있는 아그리투리즈모(agritourismo)의 동향을 살펴보고 있다. 다음 방문지는 발트해 지역의 핀란드와 에스토니아로, 핀란드에서는 정부가 주도하는 지역 만들기를, 에스토니아에서는 국경을 초월한 도시 연계에 의한 지역 만들기 전략을 눈여겨보고 있다. 영국에서는 대도시 교외지역에서의 전원 지향의 마을 만들기를 포함하여 지역의 역사에 근원을 두고 진행되는 지역 만들기의 흐름을 소개하고 있다. 독일에서는 지난번 책의 보완적 성격의 것으로 주로 도시 문제에 대응하기 위한 노력을 살펴보고 있다. 특히 사람 중심의 교통네트워크를 만들기 위한 노력과 '줄여 짓기'라는 역발상으로 지역 쇠퇴문제에 대응한 사례를 흥미 있게 관찰하고 있다.

이 책은 저자가 서문에서 밝힌 '선진 지역 순회 가이드북' 이상의 내용을 담고 있다. 그렇게 된 것은 짧지 않은 조사 여행의 현장에서, '그렇다면 일본에서는 어떻게 해야 할 것인가?'라는 질문의 끈을 놓지 않았기 때문이라고 여겨진다. 그 답이 마지막 3개의 장에 기술되어 있다. 21세기 지역 만들기라는 제목의 장에서는 조사 사례로부터 성공의 동인이 되었던 전략적 요소를 추출하여 설명하고 있고, 이어지는 장에서는 그 중에서도 가장 중요한 개념인 지역네트워크 전략의 중요성을 강조하고 있다. 마지막 장은 일본에서의 가능성을 몇 개의 사례를 통해 살펴보고 있다.

문제 해결을 위한 저자의 답은 분명하다. '. . .지역격차의 확대를 탄식하는 목소리가 각지에서 쏟아져 나오고 있다. 그 해소책을 누군가가 줄 것이라고 기다렸으나 아무 일도 일어나지 않았다. 스스로 움직이지 않으면 안 되는 것이다.'

우리나라에서의 지역격차와 낙후지역 문제 해결을 위한 노력이 있어 온 것은 어제 오늘의 일은 아니다. 그럼에도 불구하고 격차는 확대되고 낙후지역의 황폐화는 급속하게 진행되고 있다. 중앙과 지방의 격차를 평준화하려는 노력보다는 낙후지역의 자생적 발전 노력이 훨씬 더 유효하다는 것은 이 책이 소개하는 선진 여러 나라의 경험에서 보면 명확하다. 이러한 관점에서 인간적인 친밀감과 문화적 다양성을 우선으로 하는 '살기 좋은 지역, 도시, 마을 만들기'가 새롭게 시작되어야 한다. 이 책이 그러한 모색을 하고 있는 정책입안자, 학자, 실무자들에게 많은 도움이 되기를 바란다.

2008년 8월 역자

차 례

01

지역 만들기의 과제와 전망

일본에서는 고도성장이 시작된 1962년에 처음으로 「전국종합개발계획」이 책정되어 「지역 간의 균형 있는 발전」을 목표로 해 왔다. 이 계획은 5차에 걸친 개정을 거쳐 왔지만 그 동안에도 지역격차는 계속해서 확대되었다. 그 때문에 2005년에는 「국토형성계획법」이 제정되어 지금까지의 중앙집권적 계획에서 지역의 발의를 중요시하는 계획으로의 방향전환을 기대할 수 있게 되었다. 한편, 마을 만들기 면에서도 최근 커다란 움직임이 있었다. 2006년의 「마을 만들기 3법」의 개정이 바로 그것이다. 이것은 종래의 확대 성장을 전제로 한 마을 만들기에서 축소 균형으로의 방향 전환을 의미하고 있다.

이 장에서는 21세기에 들어서 이와 같은 커다란 정책 전환을 할 수밖에 없었던 일본의 지역에 관련된 현실의 여러 실태를 개괄적으로 살펴보고, 이를 다음 장에서부터 소개할, 같은 문제로 고통 받고 있는 서구 여러 나라의 지역에 대한 사례 이해를 위한 프롤로그로 삼았다.

1.1 확대되는 지역 격차

20세기형 사고의 파탄

태어나서 줄곧 도쿄에서 산 사람은「중앙」이라는 말을 거의 들은 적이 없을 것이다. 그러나 예를 들면, 카고시마와 같은 지방 도시에서는 이 말을 마치 주문과 같이 외우고 있다. 그 반대어가「지역」이다.「중앙과 지역」이라는 개념이 특히 행정기관에 있는 사람들의 머릿속에 고정화되어 있을 것이라고 생각한다. 그리고 주민 또한「그것은 중앙이기 때문에」라는 식의 말을 난발하며「지역」에 갇혀버리려 한다. 필자는 도쿄에서 나고 자라 왔지만, 최근 10년간 카고시마에 살면서 이러한 사고 회로에 압도되어 왔다.

일본에서는 고도성장이 시작된 시대인 1962년에「지역 간의 균형 있는 발전」을 목표로 하여「전국종합개발계획」이 책정되었다. 이후, 공해 문제가 각지에서 빈번히 발생하자, 1967년에「풍부한 환경의 창조」를 표방하는「신 전국종합개발계획」이 책정된다. 그로부터 10년 후, 1977년에는「인간 거주의 종합적 환경정비」를 목표로 하는「제3차 전국종합개발계획」이 책정되었으며, 게다가 10년 후인 1987년에는「다극분산형 국토 구축」이라는 슬로건을 내걸고「제4차 전국종합개발계획」이 발표되었다. 그리고 1998년에는「지역의 자립 촉진과 아름다운 국토의 창조」를 제창한「21세기의 국토 그랜드 디자인(제5차 전국종합개발계획)」이 발표되었는데, 1950년에 제정된「전국종합개발법」이 2005년에「국토형성계획법」으로서 새롭게 태어나면서 전국 종합개발계획의 역사는 막을 내렸다. 20세기형 사고가 끝난 것이다.

5차에 걸친 개정을 계속해 온 전국종합개발계획은 일관되게 지역 간 격차를 평준화하는 것을 목적으로 책정되어, 전국에 고속도로망을 정비한다거나 신칸센을 연장한다거나 하는 등의 공공 공사를 추진하는 근거를 마련해 왔지만, 국가의 재정이 파탄형국에 이르러 그 기반이 흔들리지 않을 수 없게 되었던 것이다. 그리고 이 계획이 실행된 결과, 지역 격차가 더욱 확대되어 버린 것은 냉소적이라 말하지 않을 수 없다. 한편, 새롭게 발족하는 국토형성계획은 전국계획과 광역지방계획으로 이분된 것이 큰 특징인데 국가의 관여를 한정하고, 각 지방의 자주성을 존중하는 내용으로 되어 있다. 전국종합개발계획의 시대에는 그야말로「중앙」의 지시를 기다리기만 하면 예산이 책정되는 구조로 되어 있었지만 이제는 자발적인 제안이 요구되는 시대가 된 것이다. 지역에 갇혀버려서는 안 되게 된 것이다. 그래서 지금까지 일관되게 중앙지향을 지속해 왔던 지방의 의식 개혁과 그것을 담당할 인재 육성이 중요한 과제가 되고 있는 것이다.[1)]

이상은 지역격차를 평준화하기 위한 시책의 방향 전환 개요이며, 마을 만들기 측면에서는 2006년 봄에「개정 도시계획법」,「중심 시가지 활성화법」,「대규모 소매점포 입지법」이라는 소위「마을 만들기 3법」이 개정되었다. 지금까지 일관되게 교외를 향해 확대되는 도시를 염두에 두어 온 마을 만들기 관련법이 처음으로 축소 방향으로 벡터를 반전시켰다는 사실에 획기적인 의미가 있다. 앞선 저서『마을 만들기의 신조류』에서는 구미 선진국에서 이미 실행되어 온 소위「콤팩트 시티화」상황을 보고한 것이었는데, 거기에 빠트린 부분이 없었던 것은 아니었다. 그것은 콤팩트 시티화된 마을의 외곽지구를 어떻게 할 것인가라고 하는 문제이다. 도시계획구역 내에 지정되어 있는 시가화구역과 시가화 조정구역의 구획이 유명무실해지고 있지만, 콤팩트 시티화가 진행되면, 이 조정구역은 어떻게 될까 라고 하는 주민의 불안도 있는 것이다. 좁은 범위에서의 격차 문제라고도 할 수 있다. 그러나 어쨌든 20세기의 마을 만들기가 확대 성장을 전제조건으로 하고 있던 것에 비해 인구 감소를 감안한 현실적인 계획을 책정하는 것이 지역에 요구되고 있는 것이다.

한편, 지역 만들기에서든 마을 만들기에서든 중앙의존에서 벗어나 자주적으로 추진해 가는 것이 필요해진 전례가 영국에 있다. 1980년대, 그때까지 오랫동안 집권했던 노동당 정권이 마가렛 대처가 이끄는 보수당 정권으로 바뀐 당시의 일이다. 당시, 영국의 지방 도시는 대부분 공업에 의존하고

---

1) 구체적인 이미지를 얻을 수 있는 것은 모리타 시케루(守地茂) 외 저『인구감소시대의 국토비전–새로운 국가의 모습「이층의 광역권」(日本經濟新聞社, 2005)인데, 실시 프로그램에 대해서는 2007년 2월 28일에 지역 재생 본부가 결정했던『지역 재생 종합 프로그램』(일본지역개발센터『지역개발』2007년 5월호)에 자세히 기술되어 있다.

있었으며, 노동당이 지배하는 곳이 많았다. 그러나 시대는 이미 공업에서 상업으로 비중이 옮겨가고 있어 지방 재정이 핍박을 받고 있었으며, 지금까지의 재정분산형 정책은 더 이상 채용할 수 없게 되어 있었다. 그래서 대처 정권은 그러한 도시에 마을 만들기 회사를 설립하고, 민간으로부터 자본과 노하우를 도입하는 시책을 채용했다. 이에 따라서 영국의 지방은 재생으로 전환했지만 실패하는 사례도 있었으며, 대처 정권의 후계자인 메이저 정권이나 그것을 뒤엎은 블레어 정권은 노선을 수정하여 지역으로부터의 제안을 중시하는 등 자주성을 요구한 결과, 상당히 좋은 결과를 얻은 예가 많다. 이는 민간의 지혜와 노력의 결과이며, 우리가 보고 배워야 할 부분이 많이 보인다.

1.2 콤팩트 시티 사이의 공간

지역의 현실

근대 도시계획 이론의 아버지라 불리는 영국의 에베네저 하워드(Ebenezer Howard)가 런던 교외에 세계 최초의 전원도시 레치워스를 만들었던 것은 약 100년 전이었다. 그의 컨셉은 대도시의 과밀을 완화하기 위해 중심도시에서 철도와 운하를 방사상과 환상으로 뚫고, 그 교점에 주거와 직장을 갖춘 위성도시를 만들고자 한 것으로, 이들 도시 사이에는 스프롤(sprawl)을 피하기 위해 충분한 녹지를 확보한다는 아이디어였다. 이러한 생각은 그 후 세계의 마을 만들기에 있어서 기본적인 이념이 되었으며, 각지에 이른바 뉴타운을 만들어 내게 되었다.

하지만 그 후, 동 시기에 교외의 위성도시로 전입한 인구의 고령화가 진행됨에 따라서 중심도시로의 회귀가 발생하게 되었으며, 더불어 중심도시에서 콤팩트 시티 정책이 채용되게 되자, 이들 위성도시에서는 공실 증대와 상업기능 등의 편의시설의 폐쇄가 연쇄적으로 발생하게 되어 결과적으로 황폐화가 진행되는 결과가 되어 버렸다. 일본에서는 센리(千里) 뉴타운과 타마(多摩) 뉴타운을 비롯한 대도시의 위성도시에서 볼 수 있는 현상인데, 프랑스 등에서는 이러한 지역에 이민이 집중하여 소란이 발생하는 등의 사회 문제로까지 발전하게 되었다.

이것은 하워드도 예견하지 못했던 흐름으로, 그의 아이디어가 근본적으로 틀렸다고 하기는 어려울지 모른다. 그러나 필자가 문제로 들고 싶은 것은 위성도시를 만드는 것이 아니라, 도시 사이에 형성된 녹지대이다. 하워드가 모델로 했던 런던 교외에는 확실히 광대한 녹지가 펼쳐져 있는데, 거기에는 다양한 갈등을 안고 있는 문제가 존재하고 있다. 하워드의 다이어그램을 잘 보면 녹지부분에 깜짝 놀랄 만한 내용이 적혀있다. 그가 여기서 생각했던 것은 농장이나 삼림, 저수지와 댐, 채석장에 벽돌공장 등인데, 그 외의 용도로 들었던 것은 정신병원, 알코올중독병원, 간질병원, 노숙자 수용소, 묘지 등으로 당시에는 도시로부터 격리해야 한다고 생각되던 시설군이며, 말하자면, 도시의 어두운 부분을 여기로 밀어낸다고 하는 사상이 뚜

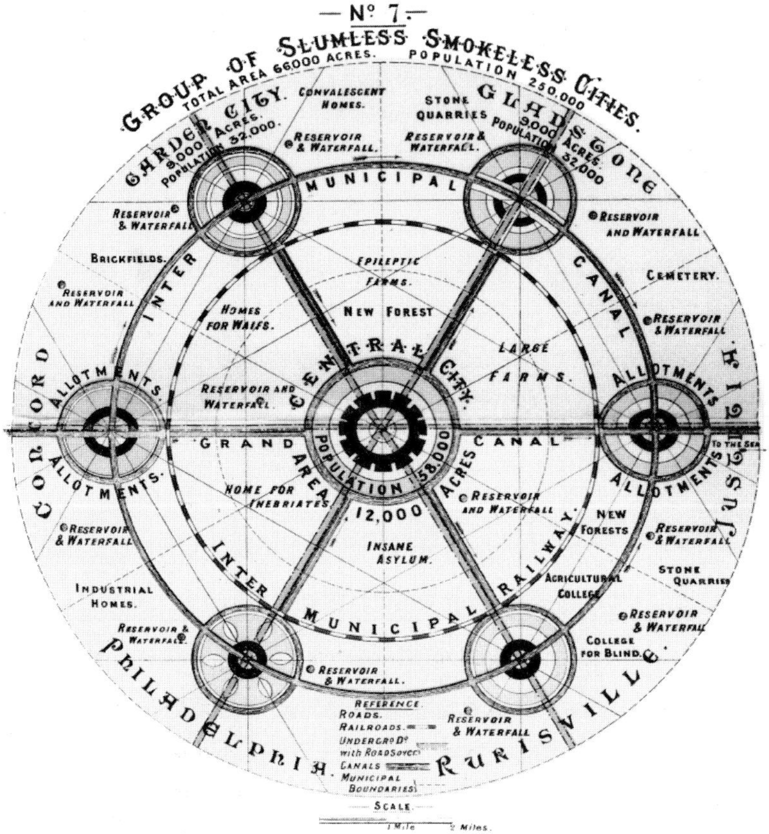

그림1 하워드가 그린 전원도시의 다이어그램. 잘 보면 문제가 기술되어 있다.
(E. Howard, Tomorrow-A Peaceful Path to Real Reform 1898)

렷하게 나타나 있다. 물론 지금은 이들 시설을 어두운 부분이라고 생각하는 사람은 거의 없지만, 이와 같은 시설의 입지에 대해서 「기피시설」로 간주하여 반대를 주장하는 관계 주민이 존재하는 것도 알려져 있다(**그림1**).

그의 인식에서는 도시와 도시 사이의 공간은 녹음으로 둘러싸인 파라다이스라기보다는 불길하며, 가능하다면 아무것도 없는 공간이기를 바랐던 것은 아닐까? 그러나 그의 사고방식은 본말이 전도된 것이다. 그가 새로운 구상을 그린 지역은 결코 「타부라 라사(tabura rasa : 백지상태)」라고 불리는 완전한 공백이 아니라, 거기에는 먼 옛날부터의 역사를 안고 있는 지역이 있으며, 작은 촌락이 여기저기 흩어져 있고, 그들 사이에는 커뮤니티 네트워크가 존재하고 있었던 것이다.

예를 들어, 타마 뉴타운에 대해서 말하자면, 필자는 이 개발이 시작될 무렵에 대학을 졸업했는데, 그 이전부터 이 기복이 풍부한 구릉지를 하이킹하며, 능선 위에서는 멀리 후지산 조망을 즐기고, 계곡 밑에서는 생각하지도 못했던 오래된 사원에 들러 본다거나 하며 친숙해져 있었던 것이다. 그러나 개발은 잔인하게도 그 모든 것을 붕괴시켜 버렸으며, 마치 그곳에 토지의 기억이 없었던 것처럼 없애 버린 것이다. 일찍이 각지에 있었던 농지나 목장은 없어지고 지금에 와서는 거대한 슈퍼나 로드 사이드 숍과 고층맨션이 늘어선 살풍경한 교외 도시가 되었으며, 인구 감소로 고뇌하고 있는 것이다.

생각해 보면, 하워드의 다이어그램에 조금 더 배려가 있었다면 그 후의 마을 만들기도 이만큼 폭력적으로 이루어지지는 않았을 것이다. 앞으로 국가 규모로 진행될 것이라고 생각되는 콤팩트 시티 정책에 대해서는 아무쪼록 지난 전철을 밟지 않는 배려가 필요하다고 느끼는 바이다.

1.3 다핵구조 방식

대합병 후에

독일의 도시학자 토마스 지바츠는 유럽에서 찬양받는 콤팩트 시티론에 이의를 표명했는데, 이상적인 콤팩트 시티 등은 있을 수 없으며, 실제 도시와 도시 사이는 공백이 아니며, 오히려 그 부분에 현대 문명의 리얼리티가 드러나 있다고 지적하고 있다.[2] 즉, 우리가 세계 어디에서나 볼 수 있는 창고나 작은 공장, 슈퍼마켓 등 전원의 경관을 교란시키는 살풍경한 요소가 산재하는 부분이야말로 리얼한 현대 도시를 나타내고 있다고 주장하고 있는 것이다. 이것은 어떤 의미에서는 콤팩트 시티론의 아픈 부분을 찌른 논의이며, 예를 들면 이탈리아의 역사 도시를 방문하면 도심부 자체는 「첸트로 스트리코(역사지구)」라 하여 수복하고 경관을 보전하고 있지만, 그 외측에는 근대적인 지구가 펼쳐져 있는 것이 보통으로 이것은 프랑스나 스페인에서도 마찬가지이다. 거기에는 슈퍼도 공장도 있는 것이다.

당연히 우리는 이 리얼리티를 부정할 수 없다. 앞에서 언급한 바와 같이 하워드는 기존에 있는 커뮤니티의 존재를 무시하고 있었지만, 콤팩트 시티론에 빠져 있었던 것은 도시와 도시 사이 부분의 리얼리티에 대한 시점이었던 것이다. 그러나 이 지역은 광대하고 그 성격도 다양하다. 일반적으로 이 지역은 농지나 임야 등의 그린 필드로 간주되어 있지만, 그 외에 그레이 필드라 부르는 도산한 대형 쇼핑몰이 있던 부지나 브라운 필드라 부르는 공업용지였던 부지 등도 산재하며, 일반론으로 이것을 다루는 것은 어렵다. 지바츠는 이것을 「사이에 있는 도시」(츠빗쉔 슈타트)라고 부르고 있다.

광역에 걸친 지역 재생에 대해서 생각할 경우, 이들 다양한 요소와 더불어 여기에 예전부터 존재해 왔던 역사적 네트워크나 외형에는 나타나지 않는 문화적인 전통 등 중층적인 고려가 필요해지고 있다. 필자는 일찍이 일본이 낳은 최고의 민속학자 중 한사람인 미야모토 츠네이치(宮本常一)의 저서를 남독하였고, 이윽고 그와 직접 이야기를 나눌 기회를 얻었다. 짧은 시

2) 토마스 지바츠 저, 미노하라이케(蓑原敬) 번역감수 『도시전원계획의 전망 - 「사이에 있는 도시」의 사상』 学芸出版社, 2006

간이었지만 지역 관찰의 핵심을 가르쳐 주셨으며, 그 후의 연구방향을 정할 수 있었다. 미야모토는 그 방법을 역시 성실한 농부였던 아버지로부터 배웠다고 하는데, 「어떤 마을을 방문하게 되면 우선 그 마을에서 가장 높은 곳에 올라가서 마을을 한눈에 내려다보도록 해라」 라고 가르쳤다고 한다. 한눈에 조망하는 것이 가능하다면 우선 그 지역의 토지 소유방식을 알 수 있고, 그에 따라서 촌락 커뮤니티의 구조도 추정하여 파악할 수 있다. 더불어 작물을 살펴봄으로써 그 지역의 기후나 풍토, 소득 수준도 유추할 수 있으며, 이러한 식으로 차례차례로 추론을 전개하는 힌트를 얻을 수 있다는 것이다. 우리들의 최근 여러 해에 걸친 필드 서베이도 모두 이 미야모토류의 수법을 답습하고 있는데, 이것은 특히 도시와 도시 사이에 있는 지역을 살펴볼 때 유효한 수법이다.

많은 관광 안내서나 홍보 팸플릿의 이면에 있는 것은 실제 현지에 가지 않고서는 체감할 수 없는 것들이다. 도시와 도시 사이에 있는 지역 등은 결코 이들 출판물에 등장하지 않는다. 그러나 반복해서 언급하는 것이지만, 각광을 받고 있는 점과 점 사이의 공간이 국토의 대부분을 차지하고 있는 점을 생각해 보면 이 부분에 관심을 가지지 않을 수 없다.

또 하나의 문제는 최근 전국적으로 추진된 시정촌 합병이 필연적으로 자치단체의 광역화를 초래하여, 어떤 자치단체도 많든 적든 다극적인 구조로 될 수밖에 없는 것이 현실이다. 합병의 궁극적인 목표는 합병 후에 더욱 진행될 집중화에 있는 것이겠지만, 그래서는 진정한 의미에서의 지역 재생은 될 수 없다. 다핵구조를 유지하면서 재생하는 방도를 찾는 것이 우리의 목적인 것이다. 프랑스에는 3만6천의 「커뮨」 이라 부르는 기초자치단체가 존재하며, 이것을 합병시킬지 여부를 결정하기 위해 국민투표가 실시되었는데, 결국 합병은 부결되고 관리 사무의 효율화 등은 광역 연합을 결성하는 것으로 일단락 지었다. 그러나 일본의 선택은 그렇지 않았었기 때문에 오히려 이런 다핵적인 모자이크 구조의 지역 만들기 방법을 모색하지 않을 수 없다. 이번의 조사는 이와 같은 문제의식을 바탕으로 실시된 것이다.

1.4 한계취락에서 취락붕괴로

인구감소와 지역격차

2000년에 제정된 「과소(인구급격 감소)지역 자립촉진 특별조치법」 에서 규정된 약 6만2천의 과소지역 시정촌에 대해서 2006년에 국토교통성이 실시한 조사에 따르면, 장래 소멸 가능성이 있는 취락은 2,400개로 그 가운데 약 400개는 향후 10년 이내에 소멸할 것이라고 예측하고 있다.[3] 그러나 7년 전에 실시된 같은 조사에서 10년 이내에 소멸할 것이라고 보이는 1,690개의 취락 가운데 실제로 소멸된 것은 15%에 머물렀다. 한편으로는 존속할 것이라고 예측된 취락 가운데 110개가 이미 소멸되어 버렸다. 이와 같은 조사는 그 후 대책을 실시하기 위해 실행되기 때문에 소멸 취락의 예측이 빗나가는 것은 당연하다고 하겠다. 취락인구의 50% 이상이 65세 이상인 취락은 존속이 어렵다는 판단에서 그것을 「한계취락」 이라고 부른 것은 나가노 대학의 오노코우(大野晃) 교수였는데, 중산간지방으로 갈수록 이 수는 증가 일로를 보이고 있다. 이것은 인구가 20명도 되지 않는 산중의 작은 취락으로, 그다지 문제가 되지 않는 현상이라고 생각하는 사람들도 많을 것이다.

그러나 문제가 되는 지역은 국토의 약 70%를 차지하고 있으며, 거기에 사는 사람들의 총수는 지금도 총인구의 9%, 그리고 이 지역의 경지면적은 여전히 전 경지면적의 34.5%를 차지하고 있는 것이다.[4] 더불어 또한 중산간지에서의 커뮤니티 붕괴는 경작 포기나 마을 근처의 생활과 밀접한 낮은 산의 상실, 식림지 방치 등의 진행을 초래하고, 결국에는 식량공급, 국토보전, 수환경의 유지, 경관보전, 전통과 문화의 계승 등 다면적인 기능의 쇠퇴를 초래하여 국가적 시점에서 보아 지극히 위험한 상태를 야기시킬 것이라고 생각되고 있는 것이다. 우리는 카고시마 현의 낙도나 산간취락을 방문할 때마다 이 위기를 실감하고, 이것을 어떻게 하면 방지할 수 있을까를

3) 국토교통성 『과소지역 등에 관한 취락 상황에 관한 앙케이트 조사 결과–2007년 1월 중간보고』

4) 모리타 시게루(森地茂) 외 저, 전게서

생각해 왔다.

취락붕괴에 이르는 원인은 단순한 의미로는 인구의 감소이다. 인구 감소를 야기 시켰던 것은 당연히 인구의 고령화와 유출이다. 바꾸어 말하자면, 인구의 유출을 방지하고, 반대로 유입을 도모할 수 있다면 취락 붕괴는 막을 수 있다. 다행스럽게도 최근에는 취농(就農) 희망자와 임업에 종사하는 것을 희망하여 전입하는 가족도 증가하고 있다. 어부를 희망하는 사람도 있다. 일본 최남단의 마을 타케토미쵸(竹富町)에서는 최근 5년간에 인구가 18% 증가했다고 한다.[5] 이것은 관광으로 섬을 방문했던 젊은 사람들이 그대로 정착한 예이지만, 그 외에도 소위 단카이 세대(團塊세대 : 1940년대 후반 출생으로 고도경제 성장기를 거쳐 현재 정년을 맞이한 세대)로 일찍이 전출해 있던 사람들이 고향의 곤경을 알고 유턴해 오는 예도 많다.

인구 전출의 원인은 지역격차이다. 예를 들면, 카고시마의 많은 낙도에는 고등학교가 없어 중학교를 졸업하면 전출을 어쩔 수 없이 해야 한다. 이것은 교육의 격차에 따른 것이다. 좀 더 윗세대가 되면 지역의 생업인 농림수산업의 외관상 소득이 도시부에서 얻을 수 있는 것에 비해서 너무나도 낮기 때문에 경제적으로 풍부한 생활을 희망하는 젊은이들은 전출하게 되는 것이다. 더불어 이들 지역에서는 전통적 문화를 미약하게나마 계승하고 있는 사례도 있지만, 최첨단의 문화를 손쉽게 접할 수 없다는 안타까움이 초조감을 야기시키게 된다. 또한 고령자가 되면 지병률(持病率)도 높아지고, 노인 간호의 필요성도 증가하게 된다. 의료나 노인 간호시설에 대한 접근성 격차가 고령자 자신의 전출을 촉진하고 있는 면도 있다. 또한 자치단체 및 국가의 재정 핍박에서 벽지지역까지 골고루 서포트 하는 것이 불가능하게 되고 있기 때문에 자치단체 그 자체가 취락 전원의 전출을 촉진시키고 있는 예조차 보인다.

이와 같이, 전출요인이 너무나도 많은 가운데 전입을 위한 동기부여(motivation)는 상당히 낮다. 그래도 전무하다는 것은 아니다. 우선 인터넷 환경의 정비에 의해서 정보 격차가 거의 해소되고 있는 점, 버블 시대에 정비된 사회자본이 충분하지는 않지만 기능하고 있는 점, 농림수산업에 생

5) 『朝日新聞』 2007년 4월 22일 조간

산 · 유통 · 시장의 측면에서 획기적인 기술혁신이 진행되고 있는 점 등에서 중산간지의 물리적 장애가 상당히 낮아지게 된 점이 지적되고 있다.

1960년대부터 국가에 의해서 계속적으로 책정되어 왔던 국토계획 등은 모든 지역 간 격차 해소를 목적으로 해 왔지만, 그것을 바탕으로 이루어진 시책은 결과적으로 격차를 조장해 왔던 것이다. 내각은 2007년 2월에 「지역 재생 종합프로그램」을 책정하여 부처를 막론한 지역재생 지원 시스템을 구축하는 결의를 보였다. 이것은 상당히 획기적인 것으로 단순히 이념의 나열에 그치지 않고 구체적이고 세심한 시책이 예시되고 있으며, 앞으로의 전개가 주목된다. 그러나 여기서 요구되는 것은 지역의 자주성이며, 재생을 희망하는 지역은 독자적으로 「지역재생계획」을 책정하여 원조를 신청하지 않으면 안 된다. 지금까지의 상부에 의지해 왔던 재생사업의 파탄을 보고 배운 정책 전환이다. 그러나 여기에서 문제가 되는 것은 그를 위한 인재와 노하우의 부족이다. 우리는 대학에서 연구를 하고 논문을 학회에서 발표해 왔지만, 그 성과는 다른 분야의 사람들이 접할 기회가 거의 없는 전문지에 게재될 뿐으로, 실제로 사회의 요구에 대응해 왔다고는 할 수 없다. 또한 지역 재생은 기본적으로 비즈니스의 문제이지만 그것을 단순히 사회정책으로 다루어 파탄에 이르고 있는 예도 다수이다. 여기에 경영 노하우를 가진 산업계가 관여하는 것이 중요하게 되는 것이다. 즉, 지역과 거기에 존재하는 산관학(産官學)의 자원을 활용하여 재생계획을 작성하는 것이야말로 효과적일 것이라고 생각한다.

1.5 글로벌화와 지역 재생

네트워크의 빛과 그림자

큐슈 산간에 「평가(平家)의 낙인촌(落人村)」이라는 곳이 다수 있었다. 그 중에는 그 시대부터 계승되어 왔던 것도 있었겠지만, 그 대부분은 전국 시대의 패자 등이 이주해 온 곳이거나, 화전농업으로 각지를 전전해 왔던 사람들이 정착한 곳이라고 한다. 이들 취락은 서로 고립되어 있었지만, 임도 정비 등에 의해서 외부 세계와 연결되면서 전출하는 사람이 증가하고 결국에는 사라져 버린 곳도 많아졌다고 한다. 현재 문제가 되고 있는 한계 취락이나 취락 붕괴는 그와 같은 프로세스의 연장선상에 있다.

이것은 일본만의 이야기가 아니라, 예를 들면, 이탈리아 등에서도 지역 간의 전란이나 저지대에 유행한 나쁜 질병을 피하기 위해 산 위에 구축된 다수의 마을이나 촌락이 고작 마차 정도밖에 지나갈 수 없는 길로 연결되었다는 불편함을 이유로 방치된 채 있는 사례도 다수 볼 수 있다.

작은 커뮤니티 안에서 충족되어 있던 경제나 사회의 규모가 커짐에 따라 그 내부에서의 유동화가 진행되어 필연적으로 취락의 소멸을 초래할 가능성도 발생하게 된다. 인간의 거주방식은 시대와 함께 변천하기 마련이다. 예를 들면, 제2차 대전 후, 일본 각지에서 활발하게 건설되어 온 교외의 신도시도 지금에 와서는 고령화가 진행되어 고스트타운화 되어 가고 있는 부분조차 보인다. 이 또한 일본만의 현상이 아니라, 구 동독에서는 단지 일부를 없애는 줄여짓기가 실시된다거나, 영국에서는 역시 신도시의 상징이었던 고층 아파트가 저층 주택으로 재건축되기도 한다.

한편, 중산간지의 주 산업인 농림축산업은 그 상품 가격이 국제 가격에 의해서 낮게 억제되고 있기 때문에 후계자를 육성하지 못하고 고령화의 진행에 동반하여 붕괴될 위험성이 지극히 높아지고 있다. 이리하여 산중에 있는 취락주민의 생활까지도 글로벌화 정세에 어쩔 수 없이 영향을 받고 있는 것이 현재의 상황인 것이다.

유럽에서는 EU라는 국가 연합이 출범할 당시, 특히 농업분야에서의 알력이 컸다고 한다. 농업은 다른 산업과는 달리 간단하게 국외로 전출할 수 없는 산업이다. 국가마다 기후, 풍토의 차이가 생산성의 차이로 연결되는 것이 어쩔 수 없는 사실이다. 일본은 가파른 산지가 많은 지형이기 때문에 농업의 경영규모가 유럽 여러 나라의 10분의 1 이하라는 비효율성 때문에 국제 경쟁력을 갖기 어렵다. 따라서 완전한 글로벌 경쟁 아래에 놓이게 되면, 일본의 중산간지는 순식간에 황폐해질 것이다. 공업이나 상업분야에서 많이 요망되는 자유무역을 위한 체제로서의 WTO나 FTA에 지방이 반대하는 이유가 여기에 있는 것이다.

그런데 예를 들면, 이탈리아의 시골에서는 거기의 정육점이 미국의 명사의 주문을 인터넷으로 받아 그곳에서만 손에 넣을 수 있는 브랜드 돼지의 생 햄이나 한철인 멧돼지 고기 등을 판매한다거나, 거기의 작은 민박이 세계적으로 손님을 유치하고 있다거나 하고 있는 것이다. 또한 포도농가가 직접 와인을 양조하는 것은 금지되어 왔지만, 이것도 규제 완화되어 자가생산 와인을 인터넷 판매하는 것도 가능해졌다. 따라서 글로벌화라는 것은 이것을 잘 살림으로써 기사회생할 좋은 기회로 삼는 것도 가능하게 하는 것이다.

카이세키요리(懷石料理=다도에서 차를 내기 전에 나오는 간단한 요리)의 장식으로서 사용되는 단풍잎 등「이로도리」라 부르는 장식물을 인터넷 정보를 통해 판매하여 지역의 고령자들이 수백만 엔의 매상을 올리고 있는 도쿠시마(德島) 현 카미카츠쵸(上勝町)의 이야기는 유명한데, 앞으로 일본에서도 세계를 상대로 상품판매를 하여 도회지에 지지 않을 정도의 활력 있는 지방의 커뮤니티가 속출하기를 바라는 바이다. 글로벌화는 재앙을 초래함과 동시에 네트워크가 가지고 있는 무거리성의 특성을 살려 어떠한 벽지라도 세계를 상대로 발신할 수 있는 가능성도 부여하고 있는 것이다.

02

이탈리아 지역 순회

이탈리아의 인구는 일본의 약 반 정도이지만, 국토 면적은 5분의 4이다. 다만, 일본과 마찬가지로 구릉지대가 넓어 농업에는 불리한 곳이 많다.

그러한 가운데 일본과 크게 다른 것은 역사적 배경에서 「코무네」 라고 부르는 자치단체의 기초단위가 대소 크기에 관계없이 독자성을 가지고 있고 지방에도 의외로 활기찬 마을을 다수 볼 수 있다는 점이다. 또한, 그들 마을이 네트워크를 형성해서 세계를 향한 정보 발신을 하고 있는 예로서 「슬로우 시티」 라는 운동이 있다. 그 외에 쇠퇴하는 농촌지대를 활성화하기 위해 도시로부터 노하우를 받아들여 경영하는 「아그리투리즈모」 의 시도도 있으며, 이 장에서는 그것들에 대해서 보고한다.

2.1 이탈리아의 움직임

슬로우 시티와 아그리투리즈모(그림1)

그림1 슬로우 시티의 4대 발상지

제2차 대전에서의 패전은 이탈리아 사회에 이율배반적인 가치관을 가져왔다. 가톨릭의 총 본산인 교황청은 종교를 부정하는 공산주의의 만연을 걱정하여 파시스트에게 협력한 과거도 있으며, 국민의 신뢰를 잃은 점도 있었다. 그러나 이탈리아의 보수세력의 핵심으로서의 역할을 잃어버린 것은 아니었다. 한편, 이탈리아 공산당은 급속하게 세력을 넓혀 나갔으나, 당시 세계의 공산주의 세력의 중심이었던 소비에트 연방의 방침과는 구분된 노선을 걸어왔다. 가족을 중요시하고 고향을 사랑하는 이탈리아인의 정서에 적응하여 세계의 좌익세력 가운데서도 독특한 중심을 이루어 왔다. 그리고 이 양자는 이탈리아인의 정서 속에 흐르는 이율배반적인 가치관을 반영하고 있던 것으로, 이 나라의 정국은 항상 이들 두 진영의 싸움의 연속이었다. 그러나 그 가운데 양파 모두 노선의 차이에서 분열과 통합을 반복하고 있으며 현재의 로마노 프로디(Romano prodi) 정권은 마침내 중도우파연합의 실비오 베를루스코니(Silvio Berlusconi)에게 승리했지만, 연합정권 내의 합종연횡의 행방은 예측 불허이다. 한편, 이 나라에서는 전후 부흥기에 국가의 통제가 이어져 다수의 공기업은 국영으로 노동조합의 힘도 강했으며, 정권 여하에 관계없이 사회민주적 정책이 책정되어 왔다는 점에서는 영국을 비롯한 다른 유럽 주요 국가나 일본과 공통적인 배경이 있으며, 최근 미국형 글로벌라이제이션(globalization)에 대한 반발도 대단히 강하다.

더불어 이탈리아는 19세기가 되어 처음으로 국가가 통일되었다는 역사적 성립으로 인해 지역의 독자성이 강하며, 국가 아래에 주(州)가 있고 그 아래에 현(縣), 게다가 기본 단위로서의 「코무네(comune)」가 존재하며, 각각의 권한이 강하다. 또한 EU 가맹에 의해 국가의 권한은 상당부분 주로 이양되어 농업과 같이 지역 내의 이해가 상반되는 미묘한 문제에는 직접 주정부가 관여하는 등 유동적인 구조로 변화하고 있다.1)

이탈리아의 인구는 일본의 약 반 정도인 5,742만이지만, 여러 가지 의미에서 일본의 지역 재생에 시사하는 측면이 있다. 특히 법정대학의 진나이 히데노부(陣內秀信) 교수가 저서 『작은 마을의 저력』(講談社文庫)에서 언급하고 있는 바와 같이 이탈리아의 시골은 현재 활력이 대단하다. 인구 2,000 정도의 작은 마을이라도 세계를 상대로 승부하고 있는 곳이 있다. 석양이 질 무렵 마을을 걷고 있으면, 노인들이 집 앞의 벤치에 앉아 건강하게 이야기를 나누고 있다. 그 옆에서 어린아이들이 천진난만하게 놀고 있는 모습도 볼 수 있다. 그러나 지금은 활력 있는 이탈리아의 시골도 1960년대에는 심각한 냉해의 영향으로 인한 인구 유출로 고심했으며, 취락 소멸도 잇달았다. 그런데 20세기 말이 되자 시골이 바뀌어 일부에서는 부동산 가격 상승의 움직임이 나타나기까지 했다. 그 배후에는 다양한 요인이 있겠지만, 특히 주목되는 점은 제2차 세계대전 후 이탈리아 경제에 미친 협동조합의 역할일 것이다. 이탈리아에서는 현재 약 7만 개의 협동조합 기업이 활동하고 있으며, 그 활동분야는 상업, 건설, 공업, 서비스, 건축, 은행, 복지사업에 이르기까지 다채로우며, 약 60만 노동 인구가 속해 있다. 이탈리아 최대의 수퍼체인은 「코프 이탈리아」라는 협동조합이다. 더불어 최근에는 시장원리에 바탕을 두지 않는 사회적 기업으로서의 조합도 다수 생겨나고 있으며, 살기 어려운 사람들에게 풍부한 생활을 제공하는 것에 노력을 다하고 있다.2)

또한 이탈리아인은 기업 정신이 왕성하여 일설에 따르면 인구 반 정도

1) 바바야스오(馬場康雄) · 오쿠시마 타카야스(奧島孝康) 저 『이탈리아의 사회 : 지연된 "풍요로운 사회"의 실상』 와세다대학 출판부, 1999

2) 타나카 나츠코(田中夏子) 저 『이탈리아 사회경제의 지역전개』 일본경제 평론사, 2004

법인이 이탈리아에 존재한다고 한다. 이것은 이탈리아인 두 사람만 모여도 기업을 한다는 것을 의미하며, 이탈리아에 있어서 중소기업 경쟁력의 원천일 것이다. 이 나라는 전쟁 전부터 「디스트렛토」라는 지역 주체의 소기업 네트워크가 존재했으며 이것이 1991년에 「소기업기술혁신·개발법」으로서 제정된 법률에 의해 제도권 내에 들어오게 되었다. 이것이야말로 이탈리아의 시골마을이 세계를 상대로 경쟁할 수 있는 비밀이다. 협동조합도 종래 9인 이상의 구성원을 최소 단위로 하고 있었지만, 1997년에 3~8인으로도 구성할 수 있는 소협동조합이 인정을 받게 되어 활발하게 결성되게 되었다.[3)]

한편, 이 책이 대상으로 하고 있는 지역의 주산업인 농업의 상황을 살펴보면, 농업 종사자가 전 취업인구에서 차지하는 비율은 7%, 농업생산이 GDP에서 차지하는 비율은 3% 이하이며, 그 중요성은 매우 미약한 듯이 보인다. 하지만, 이것을 농산품 가공도 포함한 식품산업 전반에 걸쳐서 생각해 보면 그 부가가치는 GDP의 15.6%를 차지한다고 한다. 한편, 농가 1세대당 농지면적은 5.1헥타르로 일본의 1.6헥타르의 3배 이상이며, 식량 자급률은 80%를 넘고 있다. 이탈리아의 국토는 일본과 같이 기복이 심하여, 소위 「산간지」가 많아 생산성은 나쁘지만, 그럼에도 이와 같은 성과를 보여주고 있다. 그러나 EU내 다른 나라의 농가 경영규모는 20헥타르를 훨씬 넘고 있으며, 그 생산성의 차이가 여러 가지 알력을 발생시키고 있다.[4)]

이와 같은 배경 속에 이탈리아에서 주목을 받고 있는 지역 재생의 움직임은 슬로우 시티 운동이다. 이 운동의 모체는 지금은 모르는 사람이 없으리라 생각되는 슬로우 푸드 운동이다. 이것은 피에몬테 주에서 영세한 농가가 포도주 메이커에게 터무니없이 싸게 포도를 팔고 있던 상황을 타개하기 위해 1970년대부터 독자적으로 와인을 만드는 것을 추진하는 운동을 시작한 브라 시의 저널리스트인 카를로 페트리니가 1986년에 미국이 패스트푸드의 상징인 맥도날드가 로마의 스페인 광장에 진출한다는 계획을 듣고 이것을 저지하는 캠페인을 시작하였는데, 이것이 빠르게 전국 규모로 확대

3) 무라카미 요시카즈(村上義和) 편저 『현대 이탈리아를 알기 위한 44장』 明石書店, 2005

4) 츠타야 에이이치(蔦谷栄一) 저 『오가닉한 이탈리아 농촌 견문록 – 지역에 대한 자부심이 높은 나라에 배운다.』 家の光協会, 2006

되어 패스트푸드에 대항하여「슬로우 푸드」라는 이름을 붙인 것에서 유래되었다.5)

그 이후, 그들은 전멸하기 직전이었던 여러 가지 지역의 독자적인 식품을「프레지디오」라고 이름 붙여 보호하는 한편, 생산지가 불분명한 식재료를 사용한 패스트푸드에 대항하는 캠페인을 전개하여, 지금은 전 세계적으로「콤비비움(공생)」이라 부르는 지부를 마련하여 회원 8만을 거느리고 있다. 그들은 격년으로 토리노에서「살로네 델 구스토(음식의 제전)」이라는 식품 견본시장을 열어 2006년에는 4일간의 회기에 세계적으로 17만 명의 사람들을 불러 모았다. 또한 동시에 세계적으로 식품과 관련된 생산자, 학자, 요리가 등 9,000명에 달하는 사람들이 모여「테라 마들레(엄마가 되는 대지)」라는 대집회를 열었다. 슬로우 푸드는 앞서 언급한 코프의 네트워크와 제휴하여 판로를 넓혀가고 있으며, 협찬 식품제조사의 수도 증가하여 그 커머셜리즘(상업주의)을 걱정하는 소리도 들릴 정도이다.

그리고 슬로우 시티는 이탈리아어로「치타즈로」라 부르는 운동인데 1998년에 오르비에토(Orvieto)에서 열린 슬로우 푸드 협회 연차 집회에 동석했던 브라(Bra)시, 그레베 인 키안티(Greve in Chiantti)시, 오르비에토(Orvieto)시, 포지타노(Positano)시 등의 네 곳의 시장들이 의기투합하여 이 슬로우 푸드의 정신을 마을 만들기에 적용하고자 시작한 운동이다. 이러한 움직임은 빠르게 세계에 널리 퍼져 지금은 세계에 50개가 넘는 도시가 슬로우 시티로서 인증되어 있다. 이 운동의 중심인물은 당시 오르비에토 시장으로 현재는 오르비에토 시의 대학 센터 이사장직을 맡고 있는 스테파노 치미키이며, 그가 중심이 되어「슬로우 시티 헌장」을 제정하여 그 후 운동의 방향성을 제시했다. 그 중에서 주목할 만한 항목을 몇 가지 들어보면, 우선 인증지역을 인구 5만 이하로 제한할 것, 주나 지방의 수도가 아닐 것, 독자적인 식문화를 가지고 있을 것, 환경 중시의 자세를 가지고 있을 것 등이다. 이것은 모두 보다 좋은 시민생활을 목적으로 한 사상이며, 경제 활성화나 관광유치 등을 직접적으로 지향하는 것은 아닌 점에 유의해야 할 것

5) 카나마루 히로미(金丸弘美) · 이시다 마사요시(石田雅方) 저『슬로우 푸드, 매니페스토』木楽舎, 2004

이다. 행복한 생활을 하고 있는 시민이 있는 마을에는 자연히 사람들이 모여들게 된다는 사상이다.

또 한 가지 주목해야 할 움직임은「아그리투리즈모」이다. 이것은 1960년대에 피폐한 농촌의 현금 수입을 증가시킬 목적으로 정부가 시작한 농촌 민박의 보조 시스템으로 1985년에 이르러 법제화되어 각 주정부가 독자적인 인정기준을 정했다. 숙박 수입은 전 수입의 50%를 넘지 않아야 하며, 시설도 전래의 농업용 시설을 수복하여 이용하는 것 등 상세한 규정이 정해져 있다. 현재, 아그리투리즈모를 실시하고 있는 농가수는 1만1,000세대로 숙박자 중 25%가 외국인이라고 한다. 그러나 이 수는 전 농가 수 30만 세대의 0.3%에 지나지 않으며, 다른 나라에서는 이미 전 농가의 3% 정도가「그린투리즈모」라 부르는 농촌 민박을 실시하고 있는 것에 비추어 보더라도 앞으로 비약적으로 성장할 것이라는 것은 틀림없을 것이다. 아그리투리즈모의 경영자 모두가 본격적인 농가는 아니며, 주요한 고객인 도시부의 실업가 등의 기호에 대응한 서비스를 제공하는 한편, 주변 농가의 생산물을 사용한다거나 고용을 증가시킨다거나 하여 지역경제에 공헌하고 있는 예도 많다. 어촌에서도 어부의 집을 이용한 민박에서 같은 시스템이 확대되어 가고 있으며, 이것을「페스카투리즈모」라 한다.[6)]

어떠한 운동이든지 혼자서는 미약하기 그지없지만, 네트워크를 구성함으로써 영향력을 발휘할 수 있다는 협동조합적인 정신으로 활동을 이어가고 있는 점이 주목된다.

6) 시노토시유키(篠利幸) 저『전원의 이탈리아로-아그리투리즈모 여행』」NTT出版, 2003

2.2 슬로우 푸드의 발상지

브라(Bra)(그림2.3)

그림2 브라의 위치도

그림3 브라의 시가도

슬로우 푸드 운동의 발상지인 브라는 인구 2만8,400명으로 2006년 동계 올림픽 개최지인 공업도시 토리노에서 50킬로미터 남쪽에 있는 베드타운이다. 마을 남부에 역이 있으며, 동쪽은 구릉으로 되어 있다. 중심부에는 18세기부터 19세기에 걸친 바로크 건축(베르나르도 뷧토네 설계)인 시청사와 교회가 나란히 서 있다(그림4). 그 가운데 슬로우 푸드 협회 본부 건물도 있는데, 주변과 같은 중정형의 건물로 문으로부터 중정으로 들어가는 형식이다. 본부에는 매점이 있어서 간행물 등도 팔고 있지만, 우리가 방문했을 때에는 안타깝게도 점심 휴식시간이었다(그림5,6). 중정에 면하여 인접한 유명한 오스테리아 「보콘디비노」 에서 슬로우 푸드 식사를 즐길 수 있다[7]. (그림7). 안티패스트로서 이 지방 특산품인 생소세지로 만든 살루시챠 비테를로(어린소의 생육과 돼지기름을 합친 소세지)와 어린소 다다키, 랄드라는 돼지 뱃살로 만든 생 햄, 구운 피망 등을 먹어보았는데, 감동적인 맛이었다. 모두가 싸고 맛있었다(그림8). 메뉴 안의 슬로우 푸드 식품에는 달팽이 표시가 되어 있어 프레지디오를 구분할 수 있도록 되어 있다. 본부에서는 원칙적으로 인터뷰는 응하지 않는다고 하여 우리는 조금 떨어진 포렌쵸

7) 이케다 리츠코(池田律子) 저『이탈리아의 맛 여행 – 슬로우 푸드 가이드북』, 阪急コミュニケーションズ, 2003

그림4 브라시 청사

그림5 슬로우 푸드 협회 본부

그림6 슬로우 푸드 협회의 숍

그림7 오스테리아 「보콘디비노」. 싸고 맛있다는 평판

그림8 살루시챠 비테를로와 랄드로 이루어진 전채. 혀에서 녹는 것 같다.

그림9 식료학 대학

그림10 쟈코모 모요리(오른쪽 끝)

라는 마을로 향했다. 거기에는 슬로우 푸드 협회가 2년 전에 설립한 식료학 대학이 있어, 슬로우 푸드 협회의 국제 이사 쟈코모 모요리와 만날 수 있었다. 그곳은 19세기에 이 지방을 지배하고 있던 사보이아 왕가의 와인 양조장이 있던 곳으로 대학 건물은 기존 건물을 재생하여 이용하고 있다. 상당히 큰 벽돌조의 건물이다. 대학 사무국, 강당, 기숙사, 호텔 등이 들어가 있는 시설은 조금 떨어진 장소에 있다(그림9,10).

이 시설에는 식료학 대학의 학부와 호텔, 레스토랑, 와인뱅크 이렇게 4개의 시설이 들어가 있고, 이들은 민간과 자치단체의 출자로 이루어진 재단에서 운영하고 있다. 학부는 한 학년 60명의 3년제로 현재는 2년차까지 학년이 진행되어 있다. 대학원은 파르마의 근처에 있다.한 학년의 학비는 19만유로(약 3억 원)으로 비싼 듯하지만 수업료, 기숙사비, 수학여행비용 등 모두를 포함한 것이기 때문에 실질적으로는 저렴하다. 이것은 재단의 보조금이 많기 때문에 가능한 것이다. 수업은 기본적으로 영어와 이탈리아어의 2개국어로 이루어지며 수학여행으로는 일본을 비롯하여 세계 각지의 음식 현장에 가서 음식에 관련된 문제의 소재를 배우는 것이다. 와인뱅크에서는 전국 명주를 보관하고 있는데 보관료는 맡긴 양의 18%이다. 이곳의 셀러에는 로마의 역사가 고스란히 담겨있으며, 온도나 습도 모두 이상적인 환경이 유지되고 있어 여기에서 숙성되었다는 실적이 술의 가치를 높이기 때문에 맡긴 사람에게도 이익을 환원할 수 있는 구조를 이루고 있다(그림11). 옆에는 원래 지주의 고성이 있어 자체적으로 중세의 분위기를 연출하고 있다. 앞뜰에는 로마의 유적도 남아있었다. 포렌쵸의 마을은 지금까지 침체되어 있었지만, 이 대학이 생기면서 놀라울 정도로 활기가 생겼다고 하며

그림11 와인뱅크

그림12 고개숙인 벼가 가득한 논. 안쪽 산에는 백트뤼프가

세계 여러 곳에서 학생이 모이는 대학과 음식을 즐기러 방문하는 관광객이 묵는 호텔 등으로 앞으로도 더더욱 활성화될 것이라고 예측된다. 이미 골동품 가게들도 들어서 있다. 슬로우 푸드 운동은 당초부터 식문화를 고도화 하는 것을 목표로 하고 있었기 때문에 어린이들에게 음식의 중요성을 인식시키는 교육에 힘을 쏟아 왔는데, 그와 더불어 슬로우 푸드의 이념을 널리 세계적으로 발신하기 위한 교육기관을 세우고 그것이 자립해 가기 위한 시스템까지 만들어 내고 있는 것에 감복했다. 그리고 브라가 있는 피에몬테 주는 프랑스의 프로방스에 인접하여 와인 산지로서 알려진 외에 백트뤼프가 채취되는 곳으로도 유명한데, 우리가 방문했던 9월말은 아직 계절적으로 너무 이른 시기였다. 우리는 북부의 밀라노에서 차로 직행했는데, 그 여정에 따라 기후와 풍토가 분명하게 변화하는 모습을 여실히 체험할 수 있었으며, 참으로 흥미로웠다. 아침에 밀라노를 출발할 때에는 그 유명한 안개가 주위에 가득했으며, 대평야에는 한쪽 면 가득히 논이 펼쳐져 있었는데, 남쪽으로 내려감에 따라서 구릉지가 펼쳐져 그 경사면에는 포도밭이 보이기 시작했다(**그림12**). 더 남하하면 올리브 밭도 눈에 들어오게 된다. 그에 따라 기후가 건조해져 간다는 것을 알 수 있으며, 거기에서 생산되는 식품도 당연히 달라질 것이다. 밀라노가 있는 론바르디아 지방의 쌀은 대규모 영농과 직파방식에 의해 국제 가격 경쟁 속에서도 수출할 수 있을 정도의 경제성을 발휘하고 있다. 필자도 계절의 음식인 포르치니 버섯으로 만든 리조또를 먹어봤지만, 버섯이 씹히는 느낌이 식감을 돋우어 맛있었으며 죽과는 전혀 다른 아르텐테 쌀의 매력을 만끽하였다.

2.3 세계 최초의 슬로우 시티

그레베 인 키안티(Greve in Chiantti)(그림13,14)

그림13 그레베 인 키안티의 위치도

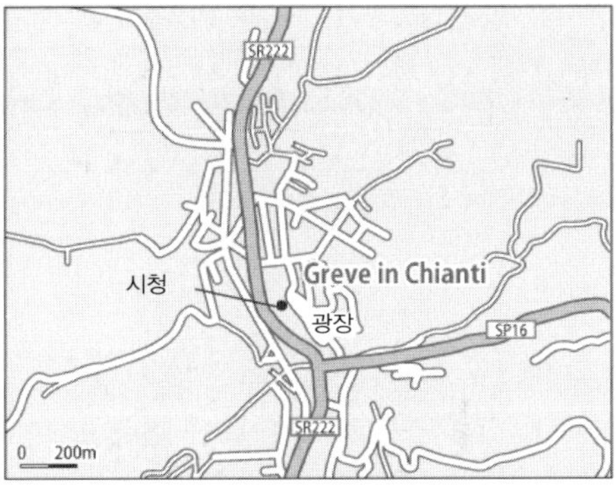

그림14 그레베 인 키안티의 시가도

현재 50개가 넘는 도시가 슬로우 시티를 표방하고 있지만, 그 제1호는 토스카나 지방의 그레베 인 키안티로, 인구 1만2,700명, 면적 1,700제곱킬로미터의 마을이다. 여기가 왜 제1호가 되었는가 하면, 이 마을 중심에 있는 삼각형의 광장이 그 이미지 모델로서 최적이었기 때문이라고 알려져 있다(그림15).

이 마을은 피렌체에서 시에나 방향으로 남하하는 도중에 소위 키안티 지방에 입지하고 있는데, 역사시대에 피렌체와 시에나와는 사사건건 대립해 왔던 2대 도시국가였기 때문에 이 양자 사이에 끼어 있는 키안티 지방은 오랫동안 고통을 받아왔다. 현대에 들어서도 이 시원치 않은 시골마을에서는 대도시로 탈출하고자 하는 젊은이가 끊이지 않았으며, 시 당국은 골치를 썩여 왔다고 한다. 우리는 여기에서의 슬로우 시티 정책의 경위를 상세하게 청취하기 위해 담당 시의회 의원인 쥬세페 피에리니를 광장에 면한 시청사에서 만났다(그림16)

이 마을의 주 산업은 와인과 콘크리트이지만, 앞에서 언급했듯이 1960년대의 대불황 시대에는 농업이 쇠퇴하여 많은 농민이 토지를 버리고 도시로 이주해 버렸다. 그러나 그 후, 특히 80년대에 들어서부터는 영국인의 이주

그림15 그레베 인 키안티의 중앙광장

그림16 인터뷰는 항상 훌륭한 시의회 회의장에서 실시된다.

가 눈에 띄게 증가하기 시작했으며, 일단은 방치된 토지가 재평가 받게 되었다. 또한, 슬로우 시티 선언 후에는 이주 희망자가 특히 증가하여 부동산 가치가 올라가기 시작했다. 현재는 마을의 부동산 광고를 보더라도 농장이 있는 농가가 1억엔을 넘는 가격에 거래되고 있다. 9.11사건 이후로는 외국에서의 관광객은 감소했지만 국내 관광객 수는 증가하여 총 관광객 수가 증가한 것은 아니지만 주민생활에 나쁜 영향을 미치는지 않았다. 다만, 시로서는 세수가 증가하지 않아 신규 사업이 곤란하였기 때문에 소프트 정책으로서 슬로우 시티의 개념을 도입했다. 슬로우 시티 정책은 관광객을 의식한 것이라기보다는 시민 자신의 생활의 질을 유지하기 위한 슬로건인 것이다. 1976년에 도시계획이 개정된 이래, 약 20년마다 개정되어 왔다. 최근에는 2003년에 개정되었는데, 기본적으로는 지금까지 쌓아올려 왔던 자산을 유지하고 그것에 관련하여 생활의 질도 유지해 간다는 방침이며 특별한 사업을 실시하고 있는 것은 아니다. 이상이 피에리니 의원의 설명이었으며, 그 후에 마을 안팎을 안내해 주었는데 다양한 면에서 주목해야 할 점이 보였다.

「키안티 크라시코」라 부르는 이 지방의 와인은 예전부터 고급와인으로서 정평이 나 있었는데, 미국에서 와인 붐이 일어났을 때에 그 양적인 요구에 대응하려 한 결과 때문에 브랜드 이미지가 순식간에 붕괴되어 회복하는데 10년 가까운 세월이 필요했다. 거기에서 지금은 검은 까마귀 마크를 통일하여 품질 수준을 지켜 이탈리아 정부의 와인 인증 최고 수준인

그림17 파롤르니 정육점. 창업한지 300년 가까운 오래된 점포.

그림18 파롤르니 점포 입구. 친타 세네제와 멧돼지 햄 등이 보인다.

DOCG(통제보증원산지호칭와인)의 타이틀을 획득하고 있다. 그러나 특히 주목할 점은 공장에 면한 아케이드에 있는 정육점 「파롤르니」의 존재이다. 이 가게는 1729년에 창업하였고, 이 가게의 상품은 친타 세네제(시에나산이라는 띠가 붙은 돼지)라는 표시의 흰 띠가 붙어 있는 작은 흑돼지를 사용한 살라미와 햄으로, 가게 안은 세계 각국에서 온 사람들로 북적이고 있었다(그림17,18). 이 돼지는 스페인의 이베리코 돼지와 같이 도토리나 밤을 먹고 자라며, 생육기간이 길어 경제성이 떨어지기 때문에 거의 없어질 뻔하던 것을 재생시킨 것이다. 그 희소가치가 좋은 평가를 받아 지금 파롤르니는 크게 번영하여 정육점 이외에 와인셀러도 신설하여 마을을 부흥시키는데 크게 공헌하고 있다. 또한, 그 부근의 판차노 인 키안티라는 마을에도 「체키니」라는 정육점이 있으며, 대단한 인기를 누리고 있다. 주인의 이름은 다리오. 점포 앞에서 고기를 갈면서 단테의 신곡을 암송하는 인텔리로 이 지방의 명산품인 키아나 소를 취급하고 있다. 이 소는 흰소로 피렌체 명물인 티본스테이크에 사용되고 있는데 광우병 소동으로 뼈에 붙은 고기의 판매가 금지됐을 때, 스테이크 고기를 관에 넣어 장례식을 치른 것이 텔레비전으로 전국에 방영되어 일약 국민적인 영웅이 되었다. 슬로우 시티는 특색 있는 식품을 그 인정조건으로 하고 있는데, 그런 의미에서도 이 지역은 충분한 조건을 충족하고 있는 것이다.

그림19 교외의 고성. 수복되어 고가로 거래되고 있다.

그림20 파롤르니가 경영하는 와인셀러. 평일에도 이렇게 혼잡하다.

오후에는 시의 관광 담당이자 슬로우 시티 담당이기도 한 알렉산드라 모레티도 함께 시외에 방치되어 있는 고성의 유적지를 안내 받았는데 성 주위에 늘어서 있는 작은 집들도 현재 수복중이었으며, 상당한 고액으로 거래되고 있다고 한다고 한다(**그림19**). 종합적인 에어리어 매니지먼트를 통해 부동산 가치를 높이는 전략이 실현되고 있는 것이다. 마을로 돌아와서 페롤르니의 가게와 그 계열의 지하 와인셀러를 방문하여 프리페이드 방식의 시음을 하였는데, 시민생활을 즐기면서 훌륭하게 재생을 실천한 현장을 실제로 볼 수 있었다는 기쁨이 넘쳐왔다(**그림20**).

2.4 슬로우 시티의 지혜주머니

오르비에토(Orvieto) (그림21,22)

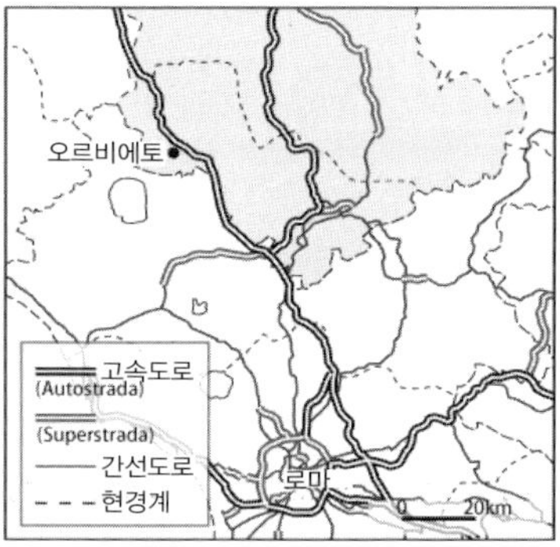

그림21 오르비에토의 위치도

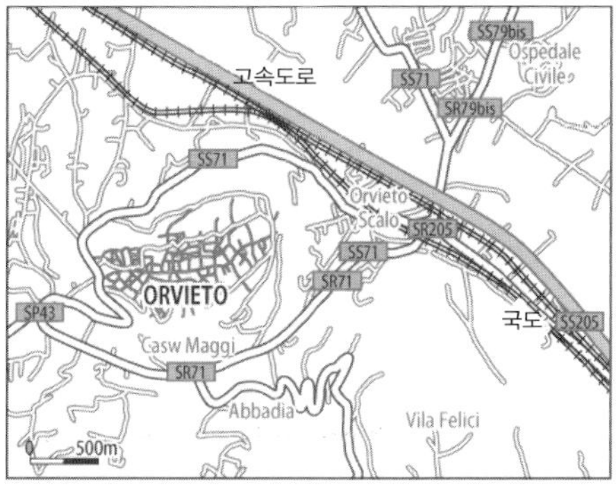

그림22 오르비에토의 시가도

피렌체와 로마의 거의 중간 정도에 위치하고 있는 것이 슬로우 시티의 지혜주머니라고 불리는 스테파노 치미키가 전 시장(市長)이었던 오르비에토 마을이다. 인구는 약 2만 명, 그 가운데 6,500명이 언덕 위의 중심부에 산다. 이 마을은 가까이 있는 보르세나 화산 대폭발로 점토질 토양 위에 내려 쌓인 화산재 대지가 강의 침식으로 폭 800미터, 길이 1,700미터의 섬 모양이 된 곳에 에트루리아(Etruria)인이 마을을 형성한 것이 기원으로, 그들은 100미터가 넘는 우물을 파고 그것들을 서로 연결하여 수리 시스템을 만들었는데, 후에 그곳을 점령한 로마인이 그 시스템을 파괴해 버렸다. 대지로 올라가는 길은 두 개밖에 없고, 그 외에는 에스컬레이터나 케이블에 의한 어프로치가 있다.(그림23,24,25).

시청사에 인터뷰를 하러 가사, 시의회 의원인 카를로 토네리 박사와 시의회 비서실장 루이자 보르냐가 유서 깊은 시의회 회의장에서 응대해 주었다(그림26). 도중에 부시장인 카를로 칼피네리도 인사차 왔었는데, 시장은 출장 중이라서 만나는 것은 불가능했다. 이 마을은 소년 스포츠와 관련하여 군마현 마에바시(前橋)시의 자매도시라고 하는데, 신종 인플루엔자 소동으로 교류가 중단된 상태라고 한다. 슬로우 시티에 관련된 정책이나 도입 경위 등은 거의 그레베 인 키안티와 공통적이었다. 그러나 시내에 통신관

그림23 오르비에토 구시가지의 원경, 언덕 위의 마을에 6,500명이 산다.

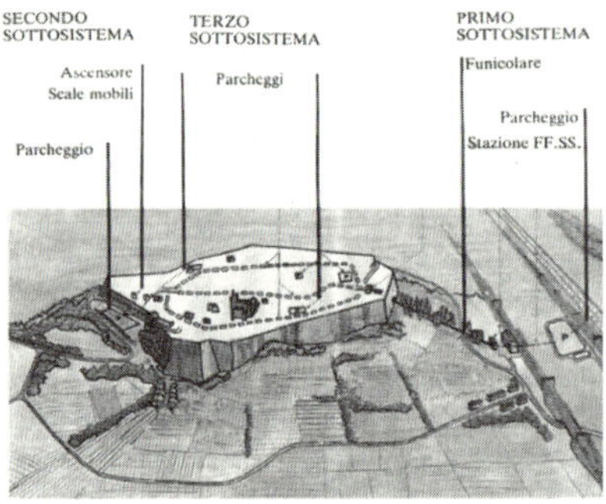

그림24 오르베이토 중심시가지의 교통시스템. 언덕위 아래의 연결방식이 신기하다.

그림25 오르비에토 교통시스템 단면도. 이탈리아는 역사적으로 언덕 위 도시가 많은데, 이와 같은 시스템은 다른 도시에도 채용되고 있다.

그림26 시의회 회의장에서의 인터뷰

련기업이 입지하고 있기 때문에 이것을 활용한 마을 만들기를 목적으로 도심에 연구센터를 설립했다. 여기에서도 시민생활의 질 향상 수단으로서 슬로우 시티를 표방하고 있으며, 관광이라는 것을 특히 목표로 삼고 있는 것은 아니라는 것이 강조되었다. 관광에 대해서도 문화, 예술, 종교 등 여러 분야에 걸쳐서 질 높은 다양한 자원을 제공하는 것을 의도하고 있다. 그레

그림27 에스컬레이터. 여러 단으로 나뉘어져 있다.

그림28 대주차장과 버스

베인 키안티와 마찬가지로 인구의 유출도 있었지만, 최근에는 미국인의 이주가 많아졌으며, 또한 일부 나갔던 젊은이들이 유턴하는 경우도 눈에 띄게 증가하고 있다고 한다. 현재 보르냐 자신도 수입은 줄었지만 가족과의 유대 등을 생각하여 로마에서 돌아왔다고 한다. 관광객은 특히 미국이나 러시아, 동아시아에서 많다고 한다. 분명히 미국의 슈퍼에서는 오르비에토의 화이트 와인이 많이 판매되고 있기 때문에 지명도가 높을 것이다. 또한, 여기에서 여름에 개최되는 재즈페스티벌은 세계 여러 곳에서 뮤지션이나 팬이 모인다는 점에서 인기가 높을지도 모른다.

인터뷰 후에는 둘이서 마을을 안내해 주었다. 특히 유니크한 터널식 에스컬레이터는 언덕 산기슭의 대 주차장과 위에 있는 마을을 연결하는 것으로 여러 단으로 이루어져 있다(**그림27**). 대 주차장에서 역까지는 셔틀버스가 지나다니고 있다(**그림28**). 이 시스템은 이탈리아 각지에서 채용되고 있으며, 그 근방을 예로 들면 페루지아나 앗시지에도 있다고 한다. 대성당 앞 광장에 면한 구 시립병원에 있는 재단법인 오르비에토 시립 연구센터로 안내를 받아, 거기에서 이사장인 치미키와 전무이사인 스테파노 나라보니에게 이야기를 들을 수 있었다(**그림29**). 치미키는 슬로우 시티(이탈리아어로 치타 슬로라 부른다) 운동의 발기인으로 슬로우 시티 헌장을 기초했다. 현재, 슬로우 시티 협회 학술위원회 회장이기도 하다. 그러나 본업은 포도농가로, 수확기였기 때문에 인터뷰 중에도 휴대전화가 계속해서 울렸고 실내 위성 텔레비전도 계속 켜놓은 채였다. 그의 이야기는 상당히 함축적이었으며, 지금까지의 인터뷰와는 다른 지적도 해주었다. 다음은 슬로우 시티 창시

그림29 슬로우 시티의 발안자인 스테파노 치미키와의 인터뷰

자로서의 코멘트를 요약한 것이다.

「슬로우 시티 운동의 발단은 1960년대에 교외로 유출되는 인구가 90년대에 들어서 시내로 환류되기 시작한 움직임에 대응한 것이었다. 역사적으로 형성된 마을이 새로운 시대의 생활에 대응하기 위해서는 어떻게 하면 좋을까를 고민하면서 슬로우 시티 컨셉을 구상하였다. 이것은 제2차 르네상스라고도 말할 수 있다. 과거 700년 사이에 시청사와 교회 이외의 부동산은 그 소유자였던 귀족의 몰락과 동시에 그 용도를 바꾸어 왔다. 그 좋은 예가 이 연구센터로 병원이 대학이 되었다. 용도를 바꾼 건물에서 자신들의 지역의 건축, 자연, 산업, 특히 농업에 대해서 그 특징을 자각시키는 교육을 실시하는 것도 슬로우 시티의 목적중 하나이다. 지역 특산물에 대해서 교육하는 음식교육도 중요한 시책이다. 슬로우 시티의 연차 집회에서는 공해, 에너지, 교통 등의 여러 문제에 대한 대응을 포함한 우수한 시도에 대해서 표창하고 있다. 슬로우 시티는 국제화를 부정하고 지역의 독자성을 존중하고 있지만, 이 운동이 국제적으로 확대되어 가는 것에 반대하지는 않는다. 현재, 이탈리아에서는 젊은 세대가 감소하고 고령자가 증가하고 있으며, 결과적으로 취농기간이 늘어나면서 노동시간도 길어져 점심식사 시간은 짧아지고 있다. 이와 같은 상황 속에서 라틴어 속담에도 있듯이 〈즐긴다는 것은 천천히 하는 것〉이라는 철학을 항상 의식하고 있지 않으면 유지할 수 없다.」

그림30 연구센터. 이전의 시립병원 건물을 개보수함.

그림31 연구센터의 교실. 최신 설비가 갖추어져 있다.

더불어 연구센터에 대해서는 다음과 같이 설명했다.

「역사적 건조물인 구 시립병원의 교외 이전을 계기로 내부를 최신 IT설비를 갖춘 교실로 바꾸어 로마 대학이나 페루지아 대학을 유치했다. 로마대학과 페루지아 대학에 입학한 학생이 5년 코스 가운데 2년 내지 3년을 여기에서 보내게 된다. 캔자스 주립대학에서는 하절기 방학중에 15명의 학생이 와서 15주간 체재한다. 학비는 1,200유로(약 1,900만 원)으로 시내의 아파트 등에 숙박했다. 건축 코스는 최대 60명의 학생에 대응할 수 있도록 설비를 갖추고 있으며, 퍼스널 컴퓨터나 대형 프린터를 갖추었다. 정보통신, 지적재산, 종교, 언어 등의 학과를 갖춘 다양한 학교에서 유치하고 있다.」

우리들에게도 「여기에 교실을 갖고 싶지 않은지」 권유하면서 상당히 홍보에 열심이었다. 일찍이 프랑스의 예술대학 보자르는 우등생을 로마의 아카데미에 보내어 수행하게 하였으며, 미국의 대학에서도 많은 명문교에서는 이탈리아의 도시에 분교를 가지고 있다. 오르비에토는 이 전통을 살려 새로운 아카데미를 발족시킨 것이다(그림30, 31)

그리고 오르비에토의 이 거대한 언덕 지하는 커다란 빈 공간으로 되어 있다. 지상공간이 한정되어 있었기 때문에 중세 이래 부드러운 응회암을 파서 지하실을 만들면서 이들을 연결하는 터널도 만들어졌으며, 때때로 함몰사고가 일어나는 등의 위험한 상태에 빠졌다. 파낸 암석은 건축용 지재로서 사용되는 외에 부서진 돌, 모래, 작은 돌멩이를 섞어 로마인 이전의 에트루리아(Etruria) 시대부터 콘크리트로 이용되어 왔다. 절벽 중간에 모습

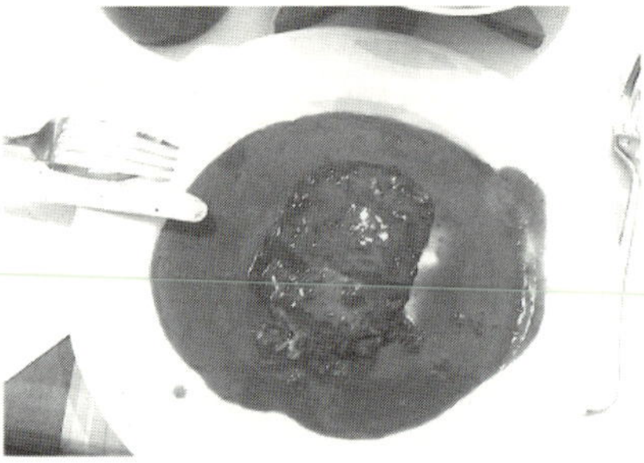

그림 33 지역명물인 맷돼지요리

그림 32 대지의 지하는 비어있어 유사시에 피난 장소가 되었다. 비둘기를 식재료로 키웠으며 벽에 보이는 구멍은 둥우리다.

을 드러낸 터널에는 비둘기를 키워 그것을 식재료로서 이용했던 시대도 있었다. 주위가 적들로부터 포위되어 식량보급이 끊어져도 비둘기가 고기와 알을 제공해 주었던 것이다. 지금도 비둘기는 오르비에토의 프레지디오이다. 벼랑 산기슭에는 선주민족인 에트루리아(Etruria)인들의 묘지가 있어 네크로플리스라 부르며 마치 모든 죽은 자들을 위한 도시와 같다. 또한 철도역 부근에 깊은 우물이 있는데 멋진 이중의 나선계단으로 밑바닥까지 내려갈 수 있다. 이것도 중세에 섬을 방어하기 위해 팠던 것이라고 한다(그림32).

오르비에토의 언덕을 만들어낸 보르세나 화산의 분화구는 지금은 이탈리아 제2의 거대한 호수가 되었다. 그 주변에는 밤나무 숲이 많았는데, 우리가 방문한 가을에는 밤을 주우러 온 사람들이 많이 눈에 띄었으며, 또한 밤나무를 좋아하는 멧돼지를 잡으러 온 사람도 있었다. 마을에서는 물론 밤나무와 멧돼지 고기 통조림이나 멧돼지의 모피가 붙은 생 햄이 팔리고 있으며, 버섯류와 함께 특색 있는 요리가 되고 있다. 밤나무나 메밀은 일찍이 보리도 먹을 수 없는 가난한 산촌의 식재료였을지도 모르지만, 지금은 슬로우푸드로서 각광을 받고 있다. 우리들도 그 일부를 맛보고 왔다(그림33).

그런데 이 마을의 입구에 해당하는 철도역 이면에는 광대한 주차장이 있는데, 철도의 파크 앤드 라이드가 가능한 것 외에도, 여기에 주차하고 케이블카에 타면 시 중심에 있는 두오모 앞 광장으로 직행하는 버스 승차장까지 한번에 실어다 준다(그림34,35). 완전한 진입금지는 하고 있지 않지만 중심부로의 차의 진입을 최대한 줄이고자 하는 현실적인 대응이라고 느껴졌다.

그림34 철도역 앞 이면주차장. 철도는 종래에 있는 선과 고규격 노선이 운행되고 있다.

그림35 케이블카. 이탈리아에서는 공공교통으로 케이블카가 보급되고 있다.

그림36 유기농 야채와 과일을 취급하는 가게. 이탈리아에서는 부가가치가 높은 유기농 작물을 수출하고 있다.

그림37 BB(민박) 내부. 지역의 식재료를 이용, 스스로 요리하여 지역의 음식재료를 맛볼 수 있다.

이 마을에서 우리가 묵었던 곳은 지금 이탈리아에서 급속하게 증가하고 있다는「BB」였다. 이것은 영국과 같은 소규모 민박으로 간판도 없는 완전한 민가였는데, 통역을 맡은 나카하시(中橋)의 소개로 인터넷으로 검색하여 일본에서 예약을 했던 것이었다. 보통 민가의 침실이 객실로 거실, 식당, 욕실은 공용이다. 주방도 붙어 있기 때문에 우리는 서둘러 마을로 쇼핑을 가서 피렌체풍 비프스테이크를 위한 키아나 소고기와 파스타용 포르치니 버섯, 샐러드용 유기농 토마토, 루꼴라, 발사믹 식초 등을 구입하여, 유명한 오르비에토산 화이트와인과 함께 호화로운 만찬을 즐길 수 있었다. 물론 조리용 냄비나 식기류는 완비되어 있으며, 숙박비도 싸서 여기에 장기간 체재할 수 있다면 최고의 체험이 될 듯싶었다. 현재, BB는 이탈리아 전역에 널리 퍼지고 있으며, 이것은 아그리투리즈모와 흡사하게 느껴졌다(**그림36,37**).

2.5 소렌토 반도의 슬로우 시티

포지타노(Positano)와 아말피(Amalfi)(**그림38,39,40**)

그림38 포지타노와 아말피의 위치도

그림39 포지타노의 시가도

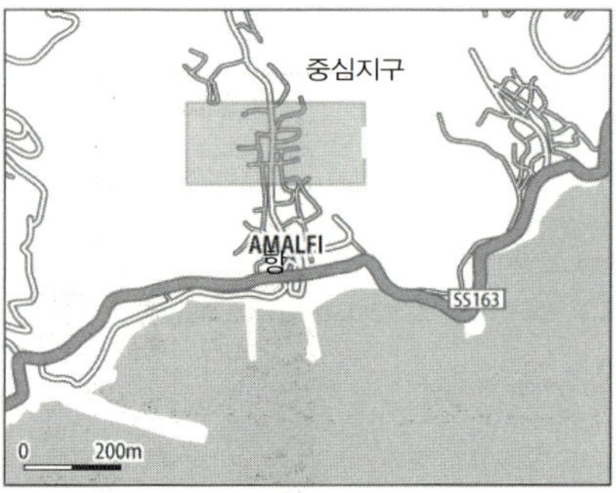

그림40 아말피의 시가도

포지타노는 슬로우 시티 4대 발상 도시 중에서는 인구가 거의 4,000명 이하, 면적 8.4제곱킬로미터로 가장 작은 마을이다. 이곳으로의 접근은 나폴리에서 소렌토 반도를 회유하는 순항선으로 가는 것이 가장 손쉽고 빠른 방법이다. 나폴리만을 가로질러 소렌토 반도의 반대쪽으로 오면 이쪽의 해안은 완만한 나폴리 쪽과는 완전히 다른 가파른 절벽의 연속이다. 그 사이의 강어귀에 면한 마을이 포지타노이다. 절구와 같은 마을의 경사면을 무거운 짐을 메고 올라가 마침내 도착한 시청사에서 인터뷰에 응해준 것은 부시장인 가에타노였다. 이 분은 슬로우 시티 도입 이래 이 정책에 관여하고 있으며, 다음과 같은 의견을 이야기해 주었다(**그림41,42**).

그림41 포지타노의 전경

그림42 포지타노 시청사. 절벽 중간에 있다.

「슬로우 시티는 97년의 슬로우 푸드 전국대회에서 친구 관계에 있던 발기인인 포지타노를 포함한 4개 시의 시장의 합의로 발족되었으며 다음해 〈치타 즈로(슬로우 시티의 이탈리아어)헌장〉을 제정했다. 치타 즈로는 관광을 목적으로 하는 것이 아니라, 생활의 질을 고급화할 것을 원하는 사람들이 사는 도시를 목표로 한 운동이며, 시민 자신을 위한 것이다. 포지타노에서는 특히 환경적인 측면에서 이 헌장의 정신을 살리고자 하고 있다. 또한 교통적인 측면에 대해서 말하자면 포지타노에는 소렌토 반도 외의 관광지와 비교하면 주차장은 적당히 확보되어 있지만 관광버스가 교통을 방해하는 것이 문제이다. 그렇기 때문에 성수기에는 교통체증이 심각하며, 소음과 배기가스가 환경을 파괴하고 있다. 쓰레기 처리에 관해서는 살레루노시의 기업이 분리 수집하고 있지만, 그 최종 처리에 대해서는 캄파냐 주 전체의 문제가 되고 있다. 하수는 처리하여 해안에서 100m 떨어진 곳에서 방류하고 있다(그림43). 상수는 포지타노의 수원과 산의 이면에 있는 소렌토시의 수원에 의지하고 있다. 2006년 12월 9일에는 슬로우 시티 운동의 일환으로서 캄파냐 주 전역의 시가 포지타노에 모여 시민들은 자기 집을 개방하고 교류를 나눌 것이다. 특산품은 레몬으로 마른 티뮤르인 리몬첼로와 산다르, 마요르카 구이랑 전통적인 주름이 있는 스커트 등이나, 최근에는 중국산 모조품이 돌아다니고 있는 실정이다.」

시청사는 구청이라고 해도 좋을 정도의 크기로 인터뷰를 하러 갔던 방에는 바다로부터 상쾌한 바람이 들어왔고, 특히 환경문제에 대해서 관심이

그림43 비치 아래에 정화조가 있으며, 이른 아침 청소를 하고 있다.

그림44 바다가 내려다보이는 기분 좋은 방에서 가에타노 부시장과 인터뷰.

높았던 가에타노 부시장의 이야기를 들으면서 눈 아래 펼쳐진 푸른 바다를 바라보면서, 슬로우 시티가 좋다는 것을 절실히 체감할 수 있었다(**그림44**).

이 인터뷰 후에 시민 레크리에이션을 위한 NPO인 GEA 회장을 만나러 갔다. GEA는 각지에 있는데, 그 전국 조직이 FIE이다. 회장은 문구점 주인인데, 산 이면부의 종주투어를 기획하고 있었다. 자연 관찰과 향토 재발견을 목적으로 하고 있다. 이 단체는 이탈리아 남부에서는 최초로 설립된 곳이다. 이와 같은 시민 참여에 의해 향토애가 생기며 관광객도 그 지역을 사랑하게 되는 것이 아닐까. 우리는 이전에 방문했던 슬로우 시티중 하나인 레반트에서 실시하고 있던 「만쟈룬가」 라는 트레킹과 음식교육을 겸한 이벤트를 떠올렸다(**그림45**).

그리고 포지타노의 숙소는 모두 절벽 중간에 있었기 때문에 믿기지 않을 정도로 조망이 아름다웠다. 이 지방의 건물은 일찍이 여러 번 침략을 받았던 아랍 양식의 영향을 받고 있으며, 필자가 묵었던 방은 돔과 아치가 붙어 있어 혼자 묵는 것이 아까울 정도였다(**그림46**). 저녁 식사는 이웃 호텔의 테라스에 있는 레스토랑에서 갈치 리조또와 오징어 먹물 스파게티 등, 특산물인 해산물 음식을 화이트 와인과 함께 만끽했다(**그림47**). 이와 같이 질 높은 생활을 영위하는 시민을 부러워하는 사람들이 관광객으로서 체재하게 됨으로써 또한 시민들의 생활이 지탱되는 것이다. 시의 노동인구는 전체인구의 반을 넘으며 취업 기회가 많다는 것을 나타내고 있다. 다만 다른 슬로우 시티 관계자는 포지타노가 발상 도시중 하나인 것을 알지 못하는 듯하지만, 사람들이 어떻게 생각하든지 「우리는 우리 길을 간다.」 는 것이 이

그림45 전국에 있는 레크리에이션 활동을 위한 NPO인 GEA회장의 인터뷰. 문구점 주인이다.

그림47 갈치 리조또. 이른 아침, 어부가 물고기를 잡아 온다.

그림46 전망이 훌륭한 호텔룸. 1박 조식 포함하여 16,000엔이었다.

탈리아의 정서일 것이다.

아말피는 포지타노보다 훨씬 지명도가 높은 마을이지만, 슬로우 시티로 인정받은 것은 훨씬 늦은 2006년 2월이었다. 이 두 마을은 버스든 배로든 30분 정도로 왕래할 수 있는 인접한 마을로 애초에 그 주변의 해안은 통칭 아말피 해안으로서 세계유산으로 등록되어 있다. 이 아말피 마을은 제노바, 베네치아, 피사와 나란히 이탈리아의 4대 해양국가로서 이름을 날린 시대가 있었으며, 여기에서 태어난 프라비오 죠이아 라는 인물이 1302년에 발명한 나침반이 다른 도시국가에 앞서 이 마을의 경쟁력을 높였고 이슬람권과의 무역으로 부를 집적하기에 이르렀다고 한다. 그러나 1343년 대지진으로 마을 중심부는 바닷속으로 침몰하고 1348년에는 나쁜 질병이 유행하여 그 수명을 다했다고 한다. 그리고 20세기에 들어서 북부유럽에서 많은 문화인이 이 땅을 찾게 되면서 세계적인 리조트로서 부활하게 된 것이다.

그림48 아말피 시청사

그림49 아말피 해변. 평지가 없기 때문에 주차장이 적은 것이 걱정거리이다.

그림50 아말피의 메인 스트리트. 아래에는 암거(暗渠)가 숨겨져 있다.

현재, 인구는 5,400명 이상으로 포지타노보다 큰 마을이지만 지형적인 이유에서 주차장을 만들 수 없어 사업소 수가 한정되어 있기 때문에 경제지표는 포지타노에 못 미친다(**그림48,49**).

우리는 시청사에도 갔었지만 슬로우 시티 담당자는 부재중이었기 때문에 통역을 맡은 나카하시의 지인인 역사문화연구소의 부소장을 만나본 바, 2006년 4월에 슬로우 시티 관련 심포지엄이 열려 살레루노 대학의 문화재 보존과 관련된 교수들로 이루어진 여러 명의 강사가 강연을 한 이외에 괄목할 만한 움직임은 없었다고 한다. 아말피는 중앙에 산에서 바다로 향하는 하나의 도로가 있으며, 그 양측에 각각 한 개씩 이면도로가 있는 도시구조로 되어 있는데, 중앙의 도로는 강을 암거화(暗渠化)한 것으로 현재도 지하에는 물이 흐르고 있다고 한다. 이 물을 사용한 종이 뜨는 일도 나침반 발명가 조이아가 가져온 것으로 이것도 아말피의 중요한 산업이었다고 한다. 현재도 전통적인 제조법을 지키고 있는 일가가 있어 필자도 편지 용지를 구해왔다(**그림50**).

아밀피에서 버스로 30분 정도 산을 올라가면 라벳로라는 인구 약 2,000

그림51 대성당 앞 광장. 이른 아침부터 심야까지 사람들이 끊이지 않는다.

그림52 아말피의 야경. 황혼 무렵이 특히 아름답다.

명의 전망이 좋은 작은 마을이 있으며, 와그너와 토스카니니 등의 문화인이 체재한 화려한 별장이 있는 것으로도 유명한데, 여름에는 여기에서 매일 밤 콘서트가 열려 눈 밑에 펼쳐진 아름다운 야경을 즐기면서 속세를 잊었다고 한다. 필자는 밤에 스쳐 지나가는 정도에 불과했지만, 심금을 울리는 콘서트의 멜로디에 취하는 듯했다. 일본에도 기리시마(霧島)나 벳부(別府) 등의 리조트에서 콘서트가 열리고 있지만, 그와 같은 분위기 만들기가 필요할 것이다. 거기에서는 콘서트홀을 새롭게 만드는 것이 아니라, 역사적인 건물을 그대로 이용하면 되는 것이다. 맛있는 음식과 아름다운 풍경, 그리고 풍부한 예술이 찾아온 사람들의 마음을 즐겁게 한다. 아말피에서 가장 유명한 관광명소는 대성당 앞 광장이다. 우리는 광장에 면한 호텔의 구석진 방에 모여 앉아 와인과 맥주를 마시면서 저녁 무렵부터 한밤중까지 오가는 사람들을 구경하면서 즐겼다. 여러 세대의 다양한 종류의 사람들이 모였다 흩어져 가는 모습을 보고 있는 것만으로도 지겹지가 않았다. 사람이 보는 것, 혹은 사람에게 보이지는 것조차도 중요한 관광의 요소인 것이다. 이것은 이 여행에 동행해 준 도시 프로듀서 시미즈 기즈키(清水義次)의 지론이기도 하다(그림51,52).

2.6 세계유산 입구의 슬로우 시티

레반트(Levant)와 친퀘테레(Cinqueterre)(그림53,54)

그림53 레반트와 친퀘테레의 위치도

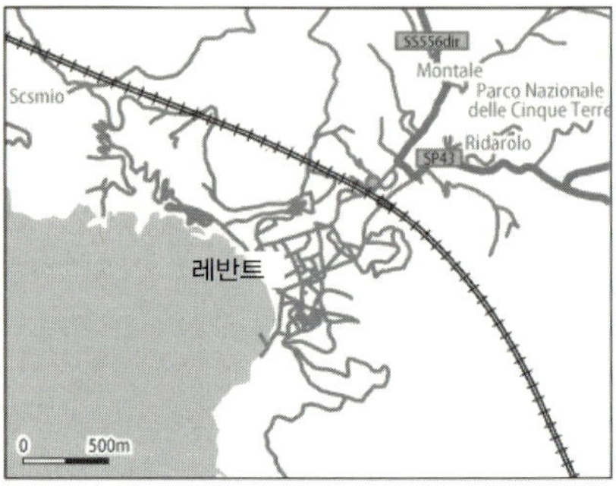

그림54 레반트의 시가도

장화 모양으로 생긴 이탈리아 반도가 붙어 있는 뿌리 쪽인 서쪽은 리비에라 해안이라 부르며, 세계적으로 유명한 관광지이다. 그 가운데서도 친퀘테레(Cinqueterre)는 오래전부터 육로로 도달할 수 없는 비경으로 알려져 최근 세계유산에 등록되어 주목을 받기에 이르렀다. 친퀘테레란「다섯 개의 촌(村)」이라는 의미로 내륙에서 떨어져 나간 5개의 강어귀에 면한 작은 어촌을 통합해서 부르는 말이다. 현재는 이들 어촌을 연결하는 철도가 제노바와 피사 사이를 오가고 있으며, 각 촌 사이는 터널이지만, 터널을 빠져나오면 역이 있는 불가사의한 이 노선을 이용하여 간단하게 찾아갈 수 있다. 고속도로에서도 접근할 수 있도록 되어 있는데 상당히 간담을 서늘하게 하는 길이다.

그리고 세계유산으로 인정된 이유는 여러 해에 걸쳐 이 강어귀를 둘러싼 경사면에 유지되어 왔던 계단식 포도밭이 만들어 내는 경관 때문이다. 이것은 일본 각지에 있는 계단식 밭과 유사하며, 그것을 유지하고 관리하는 노력은 막대하며, 이곳 또한 변함없는 어촌의 과소화(過疎化)로 장래를 위험에 빠뜨렸지만, 뜻밖의 세계유산 지정으로 세계 여러 나라에서 사람들이 모여 이 구간의 열차는 만원이 되고, 숙박을 위해서는 오래전부터 예약해 두지 않으면 안 될 정도로 붐이 일고 있다. 또한 이 지역은 바닷속을 포함하여 귀중한 동식물을 볼 수 있는 자연공원으로 되어 있어 국립공원으로서 보호되고 있으며, 곳곳에 안내판을 세워 친절하게 설명을 해 놓았다.

우리가 숙박했던 곳은 사실은 친퀘테레 지역 안에는 속해 있지 않았지만, 제노바 측의 현관 입구에 해당하는 레반트라는 인구 5,640명의 마을이었다. 내륙부의 산 쪽에 있는 고속도로에서 가파른 내리막길을 내려가면 일찍이 바다와 맞닿아 있던 곳에 이 마을이 있다. 그곳은 어항이기보다는 관광도시다웠는데, 카지노와 영화관이 5개나 있고, 마을 중앙에는 시장도 있으며 그리드 모양으로 가로도 정비되어 있으나 친퀘테레가 세계유산으로 등록되기까지는 오랫동안 과소화 문제가 심각했다고 한다. 그래서 기사회생을 위한 정책으로 채택한 것이 슬로우 시티 정책의 도입이었다. 건물의 색을 이 지방의 전통인 파스텔 색으로 바꾸어 칠하고(어부가 앞바다에서 자신의 집을 구분할 수 있도록 칠했다고 하며, 그 중에는 눈속임 그림도 있다), 도로포장은 아스팔트에서 보도포석으로 바꾸어 깔고 중심부로의 차량 진입을 제한한다거나 하여 보행자가 여유롭게 걸어 다닐 수 있도록 개조한 결과, 2001년에 슬로우 시티의 인정을 받아, 그 후에는 부동산 가치도 계속 상승하여 현재는 침실 3개인 아파트가 7,000만엔에서 8,000만엔에 거래되고 있다. 더불어 역의 이면에 있는 경사면에는 맨션이 계속해서 건설되는 중이며, 경관 파괴가 걱정될 정도였다(그림55~59).

그리고 이 마을에서 친퀘테레를 찾아가기 위해서는 배를 타고 바다를 건너가거나 철도를 이용하는 방법이 있지만, 또 한 가지 트레킹으로 산을 넘어 가는 방법이 있다. 이 마지막 방법은 특히 유럽인에게 인기가 높으며, 많은 사람들이 반바지에 트레킹 슈즈를 신고 다니고 있다. 트레킹 도중에 향토요리를 먹는 이벤트를「만자류가」라 이름 붙여 연중행사로 열자, 큰 인기를 끌어 매회 2,000명 이상이 참가하게 되었다고 한다. 덧붙여서 여기에서 제공되는「프레지디오」에 상당하는 요리가「가타핀게르」라는 오믈렛으로 속은 그 주변에서 채취한 허브가 채워져 있다. 이 행사 등은 일본에서도 이미 실시하고 있는 곳도 있겠지만, 그것을 즐기는 장소가 세계유산으로 지정된 곳이라는 점이 매력적이다. 어쨌든 우리도 숙소를 구하기 어려워서 상당히 고생했는데 대도시 제노바에서 1시간을 조금 넘는 정도

그림55 레반트의 해변. 정면에 카지노가 보인다.

그림56 레반트의 거리. 석조로 보이는 벽은 그린 것으로 영화 세트와 같이 만든 것이다. 창 등도 진짜인지 가짜인지 구분이 안가는 경우가 있다.

그림57 왼쪽에 영화관이 보인다. 이 작은 마을에 5개나 있다.

그림58 레반트 시청사.

그림59 레반트역. 역 이면에서는 맨션공사가 진행되고 있다. 열차는 상당히 자주 운행된다.

그림60 친퀘테레의 철도와 계단식 밭. 철도는 거의 터널이며, 터널을 지나면 역이 있다.

그림61 포도밭의 관리는 중노동이다. 그렇기 때문에 방치되었던 것을 간신히 복구하여 세계유산에 등록하였다.

그림62 베르낫차항. 작은 어촌이지만 관광객들로부터 인기가 높다.

그람63 베르낫챠의 메인 스트리트. 길 공간이 실내의 연장선상에서 사용되고 있다.

그림64 5개의 마을을 연결하는 길에는 찻집도 있다.

밖에 걸리지 않는다는 편리함도 있으므로 앞으로도 더욱 발전할 것이다.

친퀘테레의 와인은 DOC 등급이 붙어있으며, 르네상스의 문학자 페트랄카 시대부터 유명했던 「샤케트라」 라는 명주가 있다.[8] 포도밭에는 에너지 절약을 위해 화물운반용 레일이 깔려 있어, 높은 곳에 가기 위해서는 오래전 일본에서 보았던 오토삼륜이 사용되고 있는 것이 특이했다. 이것은 피아트에서 제조하고 있는 듯하다. 일본에도 아이치 현 아이난쵸 소토도마리와 카고시마 현 미나미사츠미시 우토 등 아름다운 돌담의 해안취락이 있으며, 각지에 아름다운 계단식 밭의 취락도 있어서 그 경관은 절대 친퀘테레에 뒤지지 않는다. 이러한 요소들을 잘 활용하여 세계에 어필하는 것이 앞으로의 지역 만들기에 필요하다(**그림60~64**).

8) 모타이 시게루(甕滋) 저, 『이탈리아 재발견-지방문화여행』 中央公論事業出版, 2004

2.7 토스카나지방의 아그리투리즈모

스베레트(그림65)

그림65 스베레트의 위치도

그림66 스베레트 길거리. 전형적인 힐타운이다. 거의 인적이 없다.

그림67 스베레트에서 바라본 전원풍경. 중앙 멀리에 우리가 체재한 아그리투리즈모 시설 「브리케라」가 있다.

그림68 스베레트 교회에서의 결혼식. 마을에 사람이 없었던 이유는 바로 이것이었다.

나폴레옹이 유배되었던 엘바섬은 이탈리아 반도 중부 토스카나 지방의 도시 리보르노 앞바다에 떠있는 커다란 섬이다. 이 섬을 내려다보는 구릉에 있는 인구 2,900명의 작은 마을이 스베레트이다. 스케일이 적당하고 아담한 고전적인 힐타운인데, 산기슭의 해변에는 화력발전소나 공업단지도 있으며 인구도 서서히 증가하고 있는 듯 교외에서는 택지가 조성되고 있었다. 그러나 이 마을도 슬로우 시티 인증을 받았으며, 광장에 면한 인포메이션도 있어 영어가 통했다(**그림66~68**).

그리고 우리가 여기를 방문한 것은 이 마을 변두리에 있는 아그리투리즈모 「브리케라」에 체재하기 위해서였다. 브리케라는 토리노에 사는 일본

그림69 미야가와와의 인터뷰. 왼쪽이 미야가와. 70세에 가깝다고는 보이지 않는다.

인 실업가 미야카와 히데유키(宮川秀之)가 경영하는 10만평이나 되는 농장으로 이전에는 여러 가족이 공유하고 있던 것을 고인이 된 부인과 공동으로 매입하여 숙박을 겸한 시설로 정비하여 운영하고 있다고 들었다. 부부는 4명의 친자식과 그 외에 3명의 양자를 키웠으며, 더불어 세계 여러 곳에 수양자식이 있는 대가족인데다 HIV 감염아와 등교거부 아동을 받아들이는 등 사회사업가로서도 알려져 있으며, NHK에서도 TV 특집 프로그램으로서 방영되었다. 미야가와는 오토바이로 세계 일주를 도전하던 중에 토리노에서 부인과 만나 결혼하였다. 거기에서 서로 알게 된 지우지아로를 파트너로 삼아 서포트해 왔다고 한다. 그리하여 지금도 토리노에서 실업가로서 활약하면서 이 아그리투리즈모를 경영하고 있는 것이다. 이와 같이 대단히 바쁜 미야카와이지만, 우리는 다행스럽게도 직접 인터뷰를 할 수 있었다. 다음은 그 내용이다 (**그림69**).

「저는 지역의 양조가조합 이사장으로서 지역 브랜드 확립을 위해 노력하고 있지만, 지금은 중국에서의 수요 급증으로 와인 업계는 호황을 누리고 있어 결속이 어렵다. 어려운 고비가 닥치면 결속하지만, 호황기에는 잘 되지 않는다. 그러나 일찍이 〈키안티〉가 미국에서의 수요 급증에 맞추기 위해 조악한 상품을 출하하여 브랜드 이미지를 손상시키는 상처를 입고 10년간 어려운 시기를 보냈는데, 그 반성의 의미에서 〈가로 네그로〉라는 검은 까마귀 마크로 품질을 보증하게 되면서부터 어렵게 신뢰를 회복했던 사실을 교훈삼고 있으며, 현재 이 지역에서는 DOC 라는 국가 인증을 받고 있다. 아그리투리즈모는 일찍이 경제면에서 뒤쳐진 농촌에 현금 수입을 가져

다주기 위해 정부가 앞장서서 시작한 제도였지만, 고용을 확보하는 의미에서 숙박객에게 농작업을 전수하는 것과 같은 일은 하고 있지 않다. 슬로우푸드 운동은 너무 상업주의로 가고 있다. 자신은 지금까지 브랜드가 없었던 이 지역에 고품질의 와인을 생산하는 것에 의해 정평을 확립하고 싶다.」

인터뷰 후에 지역의 양조장 테이스팅 담당자들 약 30명의 단체와 함께 칸티나 견학 및 테이스팅과 저녁식사에 참가했다. 우리가 숙박한 곳은 본관에서 수백 미터 떨어진 농원의 한가운데 있는 여러 동으로 나누어진 민가풍의 건물로, 넓은 욕실과 화장실이 완비된 정말로 새로운 방이었다. 여기가 아침식사 포함 1박에 9,000엔 정도라는 것은 싼 편이다(그림70~74). 동숙자는 카나가와에서 온 남녀 코러스 그룹 20명[8명의 코토(거문고와 유사)와 샤쿠하치(퉁소와 유사) 연주자를 포함]과 미야카와가 경영하는 토리노의 회사 종업원의 양친 6명이었다. 전체적으로 볼 때 60명 정도는 숙박이 가능한 듯하다. 농원에서는 올리브와 포도가 주로 재배되며, 당나귀도 기르고 있다. 어린이들을 데리고 온 관광객은 동물을 만져 보는 것을 즐거워한다고 한다. 해변의 리조트에 비해서 단조롭게 되기 쉬운 전원의 리조트에서는 장기 체재에 지겨워지지 않도록 하는 것이 중요하다.[9] 부지 안에는 저수지가 있으며, 그 옆에는 벤치 등도 놓여 있으며, 이 저수지의 물이 자동급수장치에 의해 농원 내 각지로 산수되고 있다. 잼이나 마멀레이드 등도 손수 만들어 판매하고 있다. 와인은 최상급품이 3,000엔 정도였다(그림75).

저녁식사는 지역의 유명한 주부 요리사 라우라가 요리해 주었다. 푸르스케타라는 얇은 빵 위에 포르치니 버섯이 들어간 페이스트 등을 칠한 지역명물 전채, 미트소스와 세이지의 2종류의 라자냐, 비프스테이크, 지역 명물인 멧돼지 고기 올리브찜, 치즈케이크 디저트, 에스프레소로 꾸며진 식단으로 이것은 저녁식사 모임의 동반으로 누린 호화로운 메뉴였다. 토스카나

9) 야마자키 미츠히로(山崎光博)·오야마 요시히코(小山善彦)·오오시마 쥰코(大島順子) 저『그린 투어리즘』家の光協会, 1993

그림70 브리케라의 테라스에서는 멀리 치레니아 바다에 떠있는 엘바 섬이 보인다.

그림71 안채에서 농원을 가로질러 별채로 간다.

그림73 식당. 와인 양조가 조합 사람들의 파티에 함께했다.

그림72 우리가 묵었던 별채. 배스트레이(Bath Tray)가 붙은 방이 6개 정도 있다.

그림74 귀여운 당나귀 가족. 뒤에 보이는 움막이 귀엽다.

그림75 브리케라산 와인.
독특한 로고 마크가 특징.

는 하늘과 가깝다고 하는데, 확실히 밤하늘은 별이 가득하여 하늘에 강을 이루고 있는 듯이 보였다. 아침은 넓은 계곡과 같은 마을에 울려 퍼지는 닭과 개의 울음소리와 함께 상쾌하게 시작했다. 이것이야말로 농원생활의 진정한 멋이라고 말할 수 있지 않을까? 우리는 여기에서 며칠을 묵으면서 이곳을 거점으로 피렌체, 시에나, 성지미니아노 등을 둘러보았다. 다른 많은 숙박자도 주변 마을을 둘러본다거나, 엘바 섬으로 건너간다거나, 다른 쪽에 보이는 해변에서 해수욕을 한다거나 하면서 바캉스를 즐기는 듯했다. 우리와 같이 숙박했던 일본의 코러스 그룹은 여기에서 합숙하면서 가까운 집회소에서 발표회를 개최한다는 목적을 가지고 있다. 귀국하면 본고장 이탈리아에서 발표회를 하고 왔다고 이야기할 수 있을 것이다. 그것은 어쨌든 지역사람들과의 문화 교류는 단순한 관광을 초월한 즐거움을 관광객과 주민 양쪽 모두에게 주는 일일 것이다. 일본에서도 각지에 체험농장 등이 증가하고 있지만, 그 주위에 있는 다양한 문화유산 등을 체재 중에 돌아볼 수 있는 프로그램을 제공한다면 장기 체재의 단조로움을 완화시킬 수 있을 것이다.

03

발트해 지역 순회

인구가 겨우 524만이면서 국제 경쟁력 세계 1위, 아동학습 달성도 세계 1위의 핀란드는 일본과 달리 높은 국민 부담률로 유지되는 「큰 정부」를 가지고 있다. 극지에 가깝기 때문에 농업은 번성하지 않았지만 디자인에 대한 감수성이나 발상적인 측면에서는 타의 추종을 불허하는 독자성을 발휘하여 세계의 주목을 받고 있다.

이 장에서는 그 실상을 알아보는 것과 함께, 발트 해를 사이에 둔 에스토니아를 방문하여 그 나라의 급성장 이면에 「국경을 초월한 도시 연계」가 있음을 제시한다.

일본의 미래를 생각하는데 있어서, 다양한 의미에서 지극히 대조적인 이 지역이 시사하는 바가 많을 것이라고 생각한다.

3.1 발트해를 사이에 둔 지역의 움직임

큰 정부와 도시 연대(그림1)

핀란드는 역사상 오랫동안 스웨덴의 점령 하에 있었지만, 19세기 초두에 러시아가 대신 종주국이 되어 대공국(大公國)으로서 부분적인 독립을 확보하여 헬싱키에 수도를 건설했다. 완전한 독립을 얻었던 것은 1917년의 일이었지만, 제2차대전 중에는 소련이나 독일과의 전쟁으로 영토를 잃는 결과를 초래했다. 전후에는 서구의 여러 나라와 소련권 사이에서 어려운 시대를 보냈지만, 1996년에 EU에 가맹함으로써 경제적으로 크게 발전할 수 있었다. 현재, 세계경제 포럼 랭킹에서 국제 경쟁력 세계 1위에 빛나고 있다. 일본 국토에서 시고쿠를 제외한 정도의 크기를 가진 이 나라의 인구는 약 524만으로 최근 수년간 감소도 증가도 하지 않는 상황이 계속되고 있다. 핀란드의 국토는 인구에 비해서 넓지만, 그 대부분은 삼림으로 농업에 적합하지 않다. 또한, 북극권에 가까운 국토의 대부분은 거주에 적합하지 않아 인구는 남부에 편중되어 있다. 이와 같은 취약점을 안고 있는 국가가 어떻게 해서 국제 경쟁력 세계 1위가 된 것일까. 그 비밀을 찾는 것이 이번 현지 조사의 목적이었다. 조사에 협력해 주신 분은 필자의 오랜 친구인 카와무라 히로코(川村博子)와 헬싱키 시 도시계획국에서 근무하는 요시자키 케이코(吉崎惠子)였다.

현재, 일본에서는 행정 개혁이 정력적으로 실시되고 있으며, 「작은 정부」를 실현하는 방향으로 모든 것이 가고 있다. 공공 투자는 삭감되고 공공시설은 민영화되어 공무원은 감원되고 공공 재산은 매각 처분되고 있다. 오랜 기간에 걸친 국가 예산 누적 적자 해소를 위해서라고 한다. 그러나 그래도 역시 국채 잔고는 증가하고 있으며, 또한 국민의 소득 격차도 확대되어 소위 「하류 사회」의 탄생도 우려되는 사태에 이르고 있다.

한편, 핀란드는 「큰 정부」를 가지고 있다. 사회보장비 · 세금을 합친 국민 부담률은 40%대 후반으로, 20%대 후반인 일본에 비해 2배이다. 소비세는 대상에 따라서 다르지만 대체적으로 22%로 상당히 높다. 이와 같은 시책에 따라서 실시되고 있는 것은 「고부담 고복지 국가」이다. 적어도 필

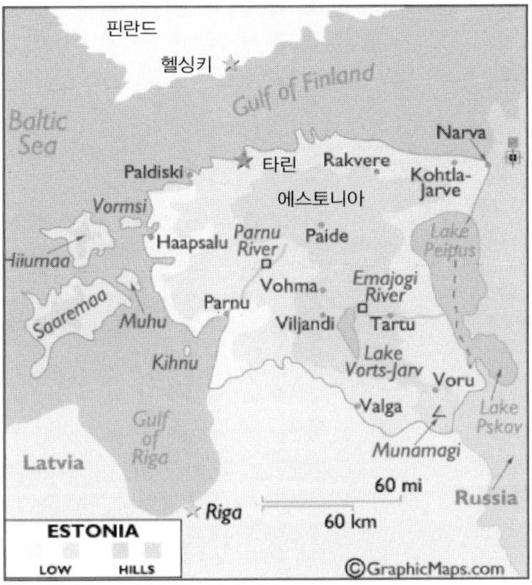

그림1 핀란드와 에스토니아의 위치도

자에게는 참을 수 없는 이 부담에 대해서 일본에서 이주한 카와무라는 전혀 불만을 가지고 있지 않다 라는 것도 우리들이 불의의 사태나 병에 대비해서 혹은 노후를 걱정하여 없는 돈을 모두 금리 제로인 저금으로 돌리고 있는 것에 비해서 그들은 그것을 국가에 맡기고 있다는 것이다. 우리의 돈은 결국 미국의 국채를 산다거나 하면서 그 국가를 윤택하게 하고 있는데 비해, 그들의 돈은 자신들을 위해 사용되고 있다는 만족감이 있는 것이라고 한다. 따라서 수입 60% 가까운 금액을 모두 소비로 돌릴 수 있다. 이것이 현재 경제의 호황을 뒷받침하고 있다는 견해이다. 이 고부담이 뒷받침된 학습 달성도 세계 1위의 교육이 우수한 인재를 배출하여 세계 표준인 프리 소프트의 「리눅스」 나 세계 점유율 1위의 휴대전화 「노키아」 를 만들어 내있으며, 자원이 부족하고 인구가 적은 이 나라를 세계 제1의 경쟁력 있는 국가로 키워냈다고 생각된다. 카와무라는 핀란드인 남편과 결혼하여 4명의 자녀를 낳아 키우고 있지만, 교육비는 대학은 포함하여 전혀 무료이다. 세계 여러 곳에서 온 관광객을 매료시키는 수도 헬싱키를 비롯한 아름다운 거리 모습 이 고부담에 의해서 만들어지고 있다. 이 나라를 방문하기까지 조금도 의심하지 않았던 일본의 소위 구조개혁 방식에 대해서 이 조사를 통해서 커다란 의문이 솟구쳤다. 글로벌화란 반드시 민영화에 의해서 작은 정부로 만든다는 미국식 일변도의 것은 아니다. 북유럽 여러 나라는 물론 다른 EU 가맹국에서도 대체로 큰 정부를 가지고 있는 곳이 많고, 국민의 세금 부담률은 크다. 역사가 짧은 미국은 자조 노력에 의한 성공을 최고의 미덕으로 삼고 있는 것에 비해 역사가 깊은 유럽에서는 상호 부조(扶助)를 미덕으로 삼고 있다. 너무 비대해진 부의 편재를 혁명에 의해서 평준화해 왔던 과거의 역사에서 배운 경험에 의한 것일 것이다. 핀란드의 산업 기반이 약한 지방에서는 공무원이 전 취업자의 25%를 차지하고 있는 곳도 있다고 들었다. 또한, 그때까지 지방세였던 법인 소득세가 헬싱키에 집중되어 있는 것에 반대하는 지방으로부터의 불만을 반영하여 여러 해 전에 이것을 국세화하여 지방으로의 분배를 많게 하는 배려를 보였다고 한다. 작은 정부를 목표로 개혁을 추진하는 일본과는 다른 방식을 처음으로 보고 깊은 인상을 받았다.[1)]

카와무라의 자택은 헬싱키에서 80킬로 북쪽에 있는 카르키라라는 작은 마을에 있다. 핀란드에서는 헬싱키로의 편중이 진행되고 있으며, 역시 지방도시의 쇠퇴는 피할 수 없는 듯하다. 그러나 그 중에서도 폐업한 제철소를 새로운 용도로 전용한다거나 그 사택을 이용하여 예술촌을 만든다거나 하는 등, 우리들에게 있어서 참고가 될 만한 힌트를 얻을 수 있었다.

핀란드는 앞서 언급한 바와 같이, 농업에 적당하지 않은 국토이기 때문에 대부분의 식재료를 수입하지 않으면 안 된다. 그렇기 때문에 레스토랑 등에서도 깜짝 놀랄 만큼 가격이 높아 영화『갈매기 식당』에서와 같이「주먹밥 집」은 아니지만, 케밥 포장마차나 중화요리집이 인기를 끌고 있었다. 다만, 필자가 방문한 9월은 버섯 시즌이었기 때문에 카와무라의 자택에서 숲에서 나는 버섯 소테를 대접 받았다. 여름에는 호수의 가재를 삶은 것이 인기라고 들었는데, 그것은 다른 나라에서 들어온 동물 같았다.

핀란드의 수도 헬싱키에서 발트해를 건너 80킬로. 고속 페리로 2시간 만에 에스토니아의 수도 타린에 도착. 이 나라는 인구 134만 명으로 카고시마 현보다 작으며, 국민 1인당 GNP도 핀란드의 반 정도이지만, 그 경제 성장률은 8%로 급속하게 증가하고 있다. 이 나라의 역사적 배경에 대해서는

1) 타케다 타츠오(武田龍夫) 저『북유럽을 알기 위한 43장』明石書店, 2001

나중에 언급하겠지만, 일찍이 「한자동맹」 에 속하여 국경을 초월한 도시 연대에 의해서 막대한 이익을 얻어 온 교훈을 살려 핀란드와 다른 국가들과의 연대를 심화하고 있다. 특히 주목할 만한 것이 「탈싱키」 라 부르는 헬싱키와 타린을 연결하는 국경을 초월한 도시 연대이다.

3.2 계획 없는 곳에 건설도 없다

헬싱키(Helsinki)(그림2)

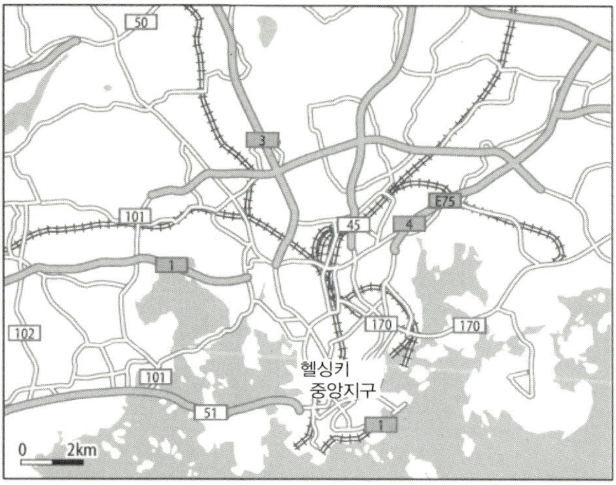

그림2 헬싱키의 시가도

인구는 겨우 524만이면서 국제 경쟁력 세계 1위, 아동의 학습 달성도 세계 1위인 핀란드. 그 수도 헬싱키는 인구 56만으로 거의 카고시마시와 같은 규모이다. 시의 면적은 카고시마시의 약 3분1이지만 육지 사이에 거의 같은 면적의 강어귀나 호수가 들어가 있어, 배후에 광대한 시라스 대지(역자주 : 카고시마현과 미야자키현에 걸쳐 분포되어 있는 산성이 강한 토양으로 된 화산성 대지)가 펼쳐져 있는 카고시마 시와는 전혀 다른 경관을 가지고 있다. 그러나 두 도시가 전혀 다른 인상을 주고 있는 것은 이러한 자연경관뿐만 아니라, 그 도시경관이다.

헬싱키시의 중심부는 19세기 전반에 골격이 형성되었으며, 특히 독일에서 온 건축가 엥겔에 의해서 신고전주의적인 도시경관이 형성되게 된 것이다(그림3~6). 철도는 마을 중심에 있는 중앙역에서 국내 각지로 향하는 노선이 발착하고 있다. 또한 역 앞에는 대규모 재개발사업이 실시되어 그 지하에 2층의 버스터미널이 설치되어 교외 도시에서의 통근 · 통학에 사용되고 있다. 덧붙여 말하면 핀란드는 냉전시대에 동서 사이에 있던 지정학적 견

그림3 헬싱키 역 앞의 노면전차 터미널

그림4 에스프라나도라고 부르는 항으로 향하는 중심가

그림5 헬싱키 역 앞의 대규모 재개발 빌딩. 외장을 유리로 한 건물이 유행하고 있다. 지하는 버스터미널과 지하철역.

그림6 지하철역. 암반을 파서 뚫은 것으로 마치 동굴과 같다.

지에서 국민의 방위 의식이 높아 지하공간이 핵셀터로서 이용되는 것을 상정하여 적극적으로 활용되고 있다. 헬싱키 시에는 많은 위성도시가 있으며, 이들 인구를 합친 수도권의 인구는 100만 명으로 국민의 약 20%를 차지하며 그 편중이 문제가 되고 있다.

그리고 헬싱키 시의 마을 만들기에서 괄목해야 할 점은 3가지가 있다. 첫 번째는 「계획 없는 곳에 건설도 없다」 라는 정책이다. 즉, 도시계획에 의해시 그 용도, 형태 등이 규정되어 있지 않은 토지에는 건설 불가라는 것이다. 이것은 헬싱키에만 해당되는 것이 아니라, 전 국토에 적용되는 원칙으로 핀란드뿐만 아니라, 독일, 프랑스 등에서도 적용되고 있는 정책이다. 이에 따라서 가지런히 정돈된 아름다운 가로경관이 형성되어 풍요로운 자연은 난개발 되는 일 없이 국민은 그 부근 마을에 빌릴 수 있다. 반대로 일본에서는 규제 완화에 의해서 용도, 형태만이 아니라 높이까지 자유롭게 설정할 수 있게 되어 국토 전체가 대혼란에 빠져 있다.

그림7 헬싱키 시 도시계획국. 중앙의 건물. 일찍이 학교, 박물관 등으로 이용되었던 적도 있다.

두 번째 포인트는 그「계획」을 책정하는 시의 도시계획 스태프의 충실성이다. 현재, 도시계획국에는 280명이 재직하고 있으며, 그 가운데 70명은 건축가이다(**그림7**). 그 외의 스태프로는 조경가나 토목 엔지니어 등도 있지만, 주목해야 할 점은 박사학위를 가지고 있는 사람도 있는 조사연구 부문이며, 이와 같은 진용(陣容)으로 시내 각소의 도시재생사업을 추진하고 있다. 필자가 방문했을 때, 도시계획국 내에서는 내부 스태프와 외부 연구자에 의한 세미나가 이루어지고 있었으며, 일본인 스태프인 요시자키 케이코(吉崎惠子)의 통역으로 방청했는데, 지극히 수준 높은 논의가 이루어지고 있다는 것에 감복했다.

마지막으로 언급하고자 하는 포인트는 헬싱키 시의 면적의 80%가 공유지이며, 더불어 시외부에서까지도 공유지를 획득하고자 하고 있다는 사실이다. 여기에는 역사적인 배경도 있지만, 행정이 바라는 방향으로 도시계획을 시행하는데 있어서 궁극적인 양책(良策)이라고 할 수 있을 것이다. 현재, 헬싱키 시내에서는 공장 이전, 항만시설 이전, 대학시설 신설, 철도용지 전용 등에 동반하여 대규모적인 도시 프로젝트가 진행중이며, 그 대부분이 면밀한 조사와 계획에 기반을 둔 선진적인 디자인 정책을 실현하고 있다.[2)]

헬싱키 공과대학은 알바 알토가 설계한 캠퍼스로 알려져 있는데, 그 안에 도시·지역 연구센터가 있다. 여기에서는 옥스퍼드·브룩스 대학의 마이크 쟁크스 명예교수에게 소개받았던 라우노 사이리넨 부소장, 건축가인 파누 레이트보리, 도시계획가인 오리 마이야라와 인터뷰를 했다. 사이리넨

2) 일본 핀란드 도시 세미나 실행위원회 편, 『헬싱키/숲과 사는 도시』 市ケ谷出版社, 1997

그림8 헬싱키 공과대학 도시 · 지역 연구센터. 알바 알토(Hugo Alvar Henrik Aalto) 설계라고는 생각되지 않는다.

그림9 왼쪽이 사이리넨 부소장, 오른쪽이 마이야라.

은 국제 임팩트 학회에 속해 있으며, 개발 임팩트(영향) 연구 전문가였다. 또한 레이트보리는 건축가로서 도시공간의 다양한 사용법의 가능성에 관한 논문을 발표했다. 마이야라는 콤팩트 시티와 관련하여 도시구조의 지속가능성에 관한 논문을 정리하고 있다. 이와 같은 기초적인 연구가 앞에서 언급한 도시계획국에서 활용되고 있다는 것을 알 수 있었다. 일본에서도 지방 대학 등이 행정과 협력하여 연구성과를 시민에게 환원하는 시스템을 좀더 확충할 수 있다면 좋을 것이라는 생각이 들었다(그림8,9).

마지막으로 요시자키 케이코(吉崎惠子)로부터 받은 핀란드 환경 교육 교원을 위한 교과서를 소개하고자 한다.[3] 이것은 마치 대학 건축학과의 교과서와 같이, 가구의 크기에서 주택의 평면구조 등을 망라하고 있는 것은 물론, 마지막에는 아름다운 가로경관을 조성하기 위한 배려방법까지 아우르고 있다. 이와 같이, 어릴 적부터 지역의 미(美)라는 것을 의식하며 자라고 있는 것이 결코 아름다운 나라라고는 할 수 없는 일본과 대조적인 환경을 형성할 수 있는 원동력일 것이다. 확실히 학력은 중요할지 모르지만, 미에 대한 감성이라는 것도 마찬가지로 중요한 것으로서 인식되어야 할 것이다. 아름답지 않은 지역에는 투자가를 포함하여 사람들을 불러 모을 수 없는 것이다. EU와 같은 국가연합 내부에서는 도시간 경쟁이 격화되어 각각의 도시가 국경을 초월하여 [illegible] 매력을 어필하고 있다. 일본의 여러 지역도

3) Suomen Arkkitenhtiltion(SAFA) Julkaisula, “Vlitysia Ymparisto” 1961

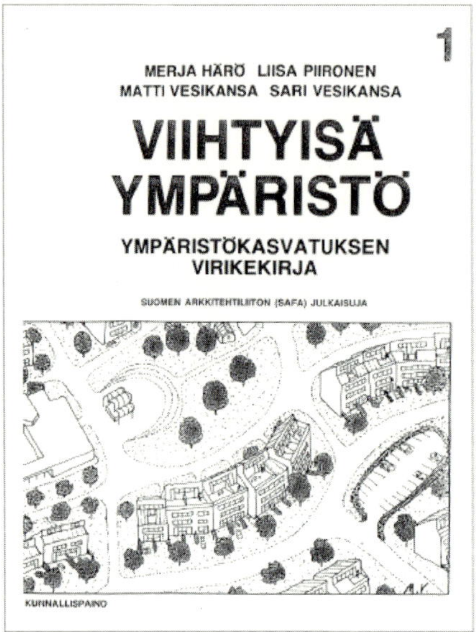

그림10 환경교육 담당 교원용 교과서. 초중학교 수업에서 사용할 수 있도록 배려되어 있다. 핀란드 건축가협회의 협력을 얻어 편찬되었다.

아시아의 국가 연합 가운데 경쟁력을 가지기 위해서는 지금부터라도 늦지 않았으므로 어린이에게 음식교육을 하듯이 도시나 지역의 미학을 가르치는 것이 필요하다고 생각한다(그림10).

3.3 도시계획사상의 변천

헬싱키시 파실라(Pasila)지구와 부오사리(Vuosaari)지구(그림11~14)

핀란드의 남단 발트해에 면한 헬싱키 중앙역에서는 국내 각지로 향하는 노선이 몇 개나 출발한다. 그 열차 기지가 시가지의 북측에 위치하는 파실라이다(그림15). 예외 없이 화물수송이 침체되어 광대한 트럭 야드의 재개발이 계획되고 있는데, 이 지구를 부도심으로 만든 도시계획안은 19세기말 에리엘 사리넨의 시대로 거슬러 올라간다. 그러나 실제로 눈부신 건설이 실시된 것은 1970년대에 들어서 부터로「이타(東)파실라」라 부르는 동측 지구가 우선 개발되었다. 이것은 19세기에 신고전주의 가로경관이 완성되었던 헬싱키 구시가지가 신시대의 증대하는 공간 수요에 대응할 수 없기 때문에 개발이 진행되었던 것이다. 구시가를 억지로 재개발하는 대신에 주변 지역에 신도심을 개발한다는 이념은 파리시 데팡스 지구 등과도 공통적인 이념이다. 당시 유행하던 보차분리(步車分離)가 철저히 이루어졌으며, 일종의 인공지반을 형성하고 있다. 이 모델은 데팡스의 예에도 보이는 바와 같이, 그 후에 범죄의 다발을 초래하여 금세기에 들어서면서부터는 채용되지 않아 보차는 동일 레벨로 하고 오히려 구획에 의해서 분리하는 수법이 세계적으로 유행하게 되었다. 필자는 시 도시계획국의 요시자키 케이코(吉崎惠子)에게 이것에 대한 인식을 물었는데, 필자가 이야기 하고 있는 것을 전혀 이해할 수 없는 것 같았다. 확실히 범죄가 다발한다는 인공지반 아래 부분에서도 인적은 드물었지만, 신체상의 위험을 느끼지는 못했다(그림16). 그러나「란시(西) 파실라」라 부르는 서측 지구의 개발은 전혀 양상이 달라 기복이 심한 지형을 교묘히 활용한 중층 집합주택을 중심으로 하는 마을 만들기로, 세계 각지에서의 최근의 조류와 공통하는 것이었다(그림17).

마치 미국이 대도시를 모델로 한 듯한 동측 지구는 지금에 와서는 거대한 미국산 자동차와 같은 노스텔지어 아이템이 되고 있지만, 아직까지는 다른 선진국에서 볼 수 있는 선면 재건축이라는 사태에는 이르지 않은 듯했다. 당연한 일이겠지만,「케스키(중앙) 파실라」라 부르는 중앙부분의

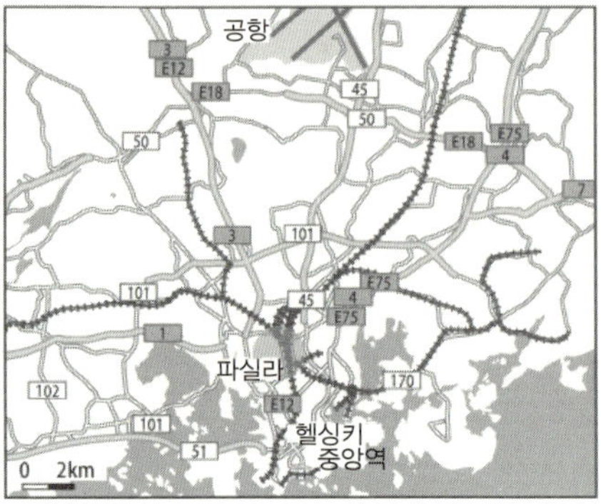

그림11 파실라지구의 위치도

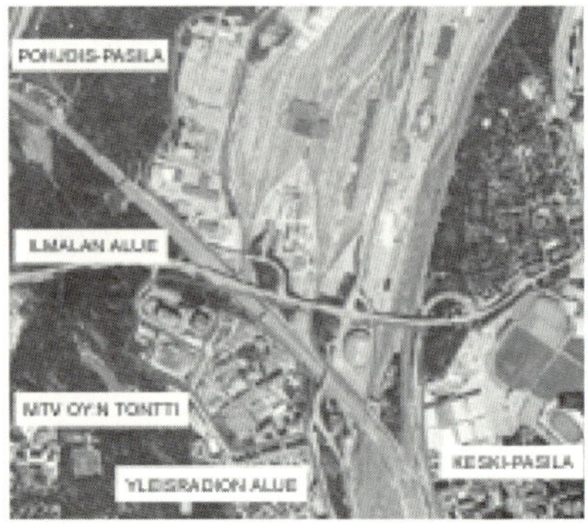

그림12 파실라 지구의 배치도

그림13 부오사리 지구의 위치도

그림14 부오사리 지구의 완성 예상도

그림15 파실라 역

그림16 동 파실라 지구. 인공지반과 입체가로를 많이 쓰고 있다.

그림18 멀리 보이는 것이 파실라 중앙방송국. 동서 지구를 연결한다.

그림17 서 파실라 지구. 중층으로 스케일감이 친숙해지는 구성이다.

그림19 부오사리역. 한창 유행했던 유리를 이용한 스타일. 설계경기 입선안이다.

그림20 반원형으로 늘어선 탑상형의 주거동. 약간 포스트모던풍이다.

그림21 부오사리의 마리나. 고급스런 느낌이 들며 공영주택으로는 보이지 않는다.

프로젝트에 대한 설계경기도 수없이 실시되었지만 아직까지 최종안은 결정되지 않았다. 다만, 최근 그 일부로서 중앙방송국이 완성되었다(그림18).

부오사리는 헬싱키 시의 동남단에 위치하며 지하철 종점이다(그림19). 헬싱키 항을 이 지구의 동쪽에 이설하는 계획에 따라 뉴타운 건설이 실시되고 있는 것이다. 이 지구의 개발도 역사가 오래되었다고 하여 지하철 부설 자체는 1998년이지만, 그 이전에 형성된 저층 저밀도 집합주택단지가 역 앞에 있으며, 일찍이 이상적인 뉴타운으로서 세계에 알려진 엑스포나 오타니에미를 연상시키는 부분도 있었다. 새로운 역 앞에는 초고층의 집합주택도 건설중이며, 세계 어디에서나 볼 수 있는 경관을 드러내고 있는 것에 조금 실망했다. 또한, 역 서측 지구에는 포스트모던풍의 반원형 광장을 둘러싼 타운 하우징 등이 있으며, 아래쪽에는 넓은 녹지, 학교, 중층주택, 입체주차장 등이 늘어서 있어 일본의 뉴타운과 그렇게 다르지 않은 양상을 보이고 있었다(그림20).

그러나 남측의 워터 프런트로 나오면 양상은 완전히 달라진다. 마리나를 둘러싸고 화려한 건물이 줄지어 있으며, 아래쪽에는 카페나 점포가 들어서 있다(그림21). 여기가 시영주택이라고는 생각되지 않는다. 디자인이나 품질면에서 최고의 수준으로 최근 핀란드 경제의 호황을 반영하고 있는 듯 보였다. 눈앞 펼쳐진 모래사장이나 앞바다에서 보이는 섬은 완전히 자연 그대로로 마치 리조트와 같은 별천지이다. 해안선에 대해서 직교하는 방향으로 늘어선 주거동 사이에는 숲도 남아있어 거기에서 노는 아이들의 소리도 들리는 것을 볼 때, 자녀교육을 위해서는 지극히 이상적인 환경으로 생각되었다.(그림22)

그림22 부오사리 단지. 해안선과 직교하는 방향으로 배치되어 있기 때문에 모든 동에서 바다가 보인다.

그림23 부오사리 지구의 운하존. 개발 최종 단계이며, 민간분양주택이 건설되고 있다. 동절기 공사를 고려하여 프리캐스트 콘크리트를 사용하고 있다.

또한 동측으로 이동하면, 여기에서는 인공적인 운하를 둘러싸고 민간의 집합주택이 건설중이며, 분양 간판이 세워져 있다. 디자인적으로는 그다지 질이 좋지 않으며, 역시 상업적인 냄새가 났다. 또한 공법으로서는 앞서 언급했던 초고층을 포함하여 프리캐스트 콘크리트 뿐이었다. 동절기의 동결을 피하는 공법으로서 채용한 것인 듯하다(그림23).

헬싱키 시는 이 외에 앞서 언급했던 항만시설 이전에 따르는 적지 이용이나 북유럽 디자인으로 유명한 도자기 공장「아라비아」의 이전에 따른 계획 등의 브라운 필드 개발 외에 기존의 대학 농장에 인접하여 새롭게 바이오 관계 연구 거점을 건설하는 것에 맞춘 그린 필드 개발 등도 실시되고 있다. 인구 겨우 56만 명인 도시가 이 정도 투자를 할 수 있다는 것은 국민부담률이 높기 때문에 가능한 일이라고 밖에 생각할 수 없지만, 오히려 신기술, 디자인, 교육 시스템이라는 소프트 개발을 위한 투자로서 생각이 안되는 것도 아니다. EU 내에서는 도시간 경쟁이 격렬해지고 있으며, 당연히 기업의 입지 선택은 도시환경을 고려하여 이루어진다. 물가가 높기 때문에 한 가족을 유지하기 위해서는 2인 이상의 수입이 필요하기는 하지만, 시민에게 돌아오는 수준은 대단히 높은데, 일본에는 어떤 이유로 이와 같은 선택이 없는 것인지 의문이 솟구쳤다.

3.4 기업마을(企業城下町)의 재생

칼킬라(그림24)

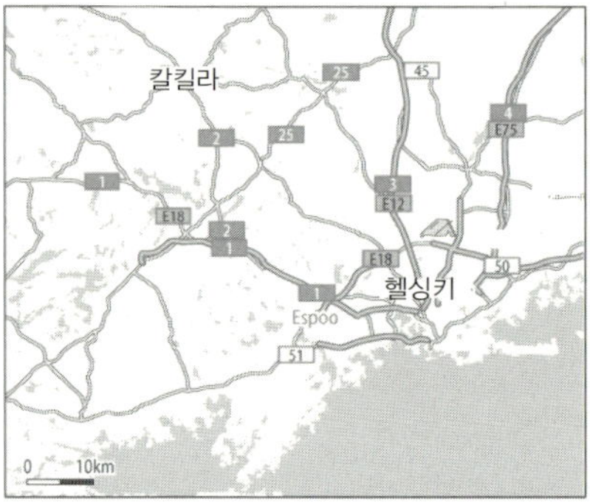

그림24 칼킬라의 위치도

그림25 카와무라 히로코가 설계한 자택. 건축 허가를 얻은 것이 대단한 일이었다고 한다. 주위와의 조화가 요구되었을 것이다.

그림26 자택에서 조금 떨어진 곳에 있는 사우나. 바로 앞이 호수이다.

칼킬라는 헬싱키 북방 70킬로에 있는 인구 8,800명의 작은 마을이다. 이 마을에는 1822년에 설립된 거대한 제철소가 있으며, 주민 대다수는 여기 종업원과 가족이었다. 그러나 선진 여러 나라와 마찬가지로, 이 기간산업은 제2차 대전 후 급속하게 쇠퇴하여 그 프로세스에서 경영측과 노동조합 사이에 커다란 알력이 있었다. 인구에서 다수를 차지하는 노동측은 현재에 이르기까지 마을의 정권을 장악하고 있으며, 전국적으로도 희소해진 좌파가 지배하는 마을로서 알려져 있다. 필자가 이 별다를 것도 없는 마을을 방문했던 것은 일찍이 함께 일한 설계사무소 동료였던 카와무라 히로코(川村博子)가 부군인 유카 파르무넨과 4명의 아이들을 키우고 있는 자택에 초대받았기 때문이다(그림25).

카와무라 일가의 자택은 마을 중심 부근에 있지만, 교외의 호숫가에 작은 사우나가 붙은 별장을 가지고 있으며, 우선은 그 사우나에서 환대를 받았다. 9월말로 이미 나무들은 붉게 물들었으나 사우나에서 따뜻해진 몸에 호수의 물은 기분 좋게 느껴졌으며, 벌거벗은 채로 유카와 헤엄을 쳤다. 호수에는 작은 섬이 있어 거기까지 히로코가 젓는 보트로 건너가니 전혀 인적이 없는 별천지이다(**그림26**). 여기에서는 전날, 일본에서 온 북유럽 가구의 프로모션을 위한 사진촬영이 이루어져 호평을 받았다고 한다. 히로코는 일본 여자대학을 나온 후에 아시하라 요시노부(芦原義信)씨의 사무소에 취직하여 필자와 자리를 나란히 했었는데, 당시 일본에 와 있던 유카와 결혼하여 핀란드로 이주했다. 현재는 일본으로부터의 시찰 코디네이터와 원고 집필 등으로 아주 바쁜 나날을 보내고 있다. 아이들 4명 모두 헬싱키 대학과 고등학교에 다니고 있으며, 현재 자택에는 부부 둘이서 살고 있다. 전적으로 히로코의 설계로 신축된 커다란 집인데도 불구하고 휴가 시즌 이외에는 외로워 보였다. 유카는 헬싱키에 있는 상사에서 일하고 있었는데, 대도시가 싫어서 버스 장거리 통근을 감수하고 있다고 한다. 주 1회는 재택근무를 하고 있기 때문에 외출하는 것은 주 4일만이라고 한다. 저녁식사로는 유카가 숲에서 채취한 버섯이 나와서 감격했다. 히로코는 이 자택에서 일본으로부터의 원고 의뢰나 코디네이트 의뢰 등에 따라 비즈니스를 전개하고 있다. 특히 핀란드가 교육수준 세계 1위에 랭크된 최근에는 4명의 자녀를 교육한 경험자인 히로코의 체험담은 귀중하다. 물론 알토의 작품을 소개하는 코디네이트 등도 하고 있다. 아이들은 현재 집을 떠나 있지만 그 생활비나 교육비는 모두 국가에서 보조를 받고 있으며, 부모의 부담은 일절 없다. 이것은 소비세 22%에 보험료를 포함한 국민 부담률 46%라는 큰 정부를 선택한 국민의 의지로 얻어진 안정된 삶이라고 할 수 있다. 카와무라 부부의 삶을 보면서 부러운 환경을 가진 지역에 살면서 세계적인 규모의 비즈니스를 전개할 수 있는 가능성을 실감했다.

그리고 다음날 히로코에게 마을 안내를 받았다. 여기에서 압도적인 존재감을 지니고 있는 것은 일찍이 기간산업이었던 제철 관련 여러 시설이다. 카르야 강어귀에 인접한 제철소 본관의 벽돌조 건물에는 일찍이 자회

그림27 구 제철소. 조금씩 새로운 기업이 입주하고 있다.

그림28 공공시설로 전용되고 있는 부분도 있다.

사가 업태를 바꾸어 입주해 있으며 최근 스웨덴 공장의 유치에 성공했다고 하는데, 이것은 스웨덴에서의 기업 유출을 의미하는 것으로 국경을 초월한 도시 간 경쟁이 심해졌음을 시사하는 것이라고 생각했다(**그림27**). 공장 관련 시설은 그 외에 마을 관공서, 마을 도서관, 직업 안정소 등으로 전용되고 있는데, 그중에서도 주목해야 할 것은 사택이나 복리시설의 전용이다(**그림28**).

아키 카우리스마키라고 하면 핀란드의 대표적인 영화감독이며, 뾰족한 구두와 매우 딱딱한 린젠트 헤어의 록밴드가 미국에서 대활약한 「레닌그라드 카우보이즈 고 아메리카」로 일약 세계적으로 주목받았던 것을 아는 분도 많을 것이다. 카우리스마키는 다른 유럽의 문화인 다수와 마찬가지로 좌익사상을 가지고 있었으며, 주로 좌파가 지배하는 이 마을이 마음에 들어 자택을 여기에 지었다. 그는 영화에 나오는 커다란 미국산 자동차가 아닌 볼보의 왜건을 탔는데 자택은 일찍이 사택을 개조한 것으로 주변 사택도 개조하여 젊은 예술가들이 체재하면서 제작에 몰두할 수 있는 일종의 예술촌을 조직한 것이다. 사택군 안에는 야외극장도 있으며, 여름에는 연극이나 음악 등의 예술제가 열렸다고 한다(**그림29~31**). 멜랑콜리(melancholy)한 그의 로드 무비와는 다른 적극성이 느껴지며, 다시금 예술가가 할 수 있는 지역에 대한 공헌 가능성을 보여주었다. 여기에서 제작된 새로운 작품은 곧 세계적으로 발표되어 지역을 활성화시킬 것이다.

그림29 카우리스마키의 자택. 구 사택이다.

그림30 사택을 전용한 예술가를 위한 아틀리에.

그림31 야외극장. 여름 시즌에는 혼잡하다.

전날, 마을 중심가라고 하기에는 너무나 한적하고 조용했던 상점가 버스 정류장을 내릴 때는 전형적인 쇠퇴하는 시골마을이라는 인상을 받았지만, 그 안에 새로운 재생의 숨결을 발견하고 상쾌한 기분으로 이른 아침 마을을 떠났다. 인구분포를 보면 고령률은 17%로 활발히 일하는 인구가 압도적으로 많다. 앞으로 크게 발전하는 것은 없겠지만, 사람들은 여기에서 지속적으로 살아갈 수 있을 것이다.

3.5 국경을 초월한 도시 연계

타린(그림32)

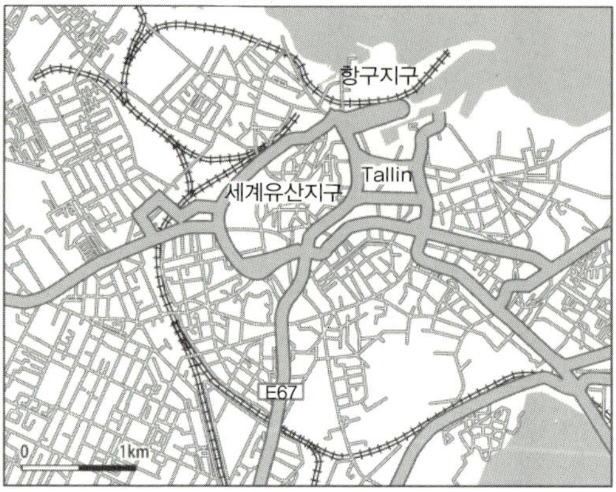

그림32 타린의 시가도

헬싱키에서 에스토니아의 수도 타린으로 향하는 고속 페리선 안에 있는 바는 대단히 복잡하다. 주세가 천정부지로 높은 핀란드를 떠나 에스토니아에 술을 사러 가는 것이 승객의 목적인 것이다. 타린 항 그 자체는 살풍경으로 주변도 조용하지만 곧장 거기에서 보이는 성벽 안에 들어서면 세상은 돌변한다(그림33~38). 타린은 인구 41만이 넘는, 일찍이 한자동맹에 속했던 역사도시로 성벽으로 둘러싸인 세계유산이다. 한자동맹이란 13세기경부터 발트해에 면한 여러 도시가 러시아권과 서측 여러 나라와의 중개무역으로 거래한 부를 축적했던 도시연합인데 그 독점적인 지위를 이용하여 크게 번영했는데, 16세기 무렵부터 대항해 시대가 시작되자 그 지위도 위협을 받아 오래지 않아 쇠퇴하게 되었다. 그 주요한 취급 상품은 소금, 귀금속, 섬유제품, 생선 염장품, 호프, 모피 등이었다. 타린의 구시가에는 다행히 그 무렵부터 계속되어 온 거리가 남아 있어 마을 일각에 오래된 상관(商館)을 개조한 역사박물관이 있다. 거기에서 이 나라의 비극적인 역사를 알 수 있었다. 유사이래, 이 지역에 대한 이민족의 침략과 유린은 1991년 소비에트 연방으로부터 독립할 때까지 계속되었던 것이다. 박물관에는 초등학생들이 견학을 와 있었으며, 선생이 열심히 설명하고 있었다. 박물관 일각의 작은 방에서는 비디오가 상영되고 있었으며, 발트 3국이라 부르는 이 국가와

그림33 항에 도착하면 바로 앞에 있는 타린 구시가 입구의 마켓. 가난해 보이는 첫인상이다.

그림34 타린 구시가 중심광장

그림35 구시가의 골목길

그림36 에스토니아 정부 청사. 일찍이 소비에트 연방의 출장소였다.

그림37 교회 탑에서 내려다 본 시가 전경

그림38 구시가는 두 개의 언덕으로 이루어져 있다. 정부청사가 있는 언덕에서 반대측의 언덕이 보인다.

리투아니아, 라토비아 사람들이 손을 연결하여 전장 600킬로미터에 이르는 인간 사슬을 만들어 독립을 맹세한 경위, 그것이 계기가 되어 수만 명의 사람들이 모여 노래한 민족합창제 장면 등은 타국인인 필자로서도 눈물이 핑 돌 정도로 감격적이었다. 이것은 「노래하는 혁명」 이라고 부르고 있다.

그리고 이 역사 도시에서 가장 놀랐던 것은 그 오래된 도시 곳곳 어디에서든 무선으로 컴퓨터를 접속할 수 있다는 점이다. 그 이유컨대 국민의 인터넷 접속은 헌법에 보장되어 있는 권리이기 때문이라고 한다. 언어는 핀란드어에 가까운 독자적인 것인데, 적어도 타린에서는 영어만으로도 자유롭게 의사소통을 할 수 있다. 이와 같은 정보 인프라의 충실이 해외로부터의 적극적인 투자를 유치할 수 있도록 하여 괄목할 만한 경제성장을 유지하고 있는 것이다. 이 나라는 이미 EU에 가맹되어 있지만, 타린은 일찍이 한자동맹을 부활시킨바와 같이 「발트 도시권」 이라는 도시 연합에도 참여하고 있다.

겨우 80킬로미터의 해협을 사이에 둔 헬싱키와 타린은 기능적, 경제적 보완 관계를 지렛대로 삼아 「탈싱키」 라 부르는 강력한 도시 연계를 형성하여 함께 정보 기술을 축으로 한 경제성장을 달성하고 있다. 이미 도시적으로는 포화상태에 있으며 임금, 지가 등의 비용이 정점에 달하고 있는 헬싱키에 있어서 타린은 생산기지로서 훌륭한 투자처가 되고 있다. 타린 측은 기술과 자본을 받아들임으로써 고도성장이 가능하게 되어, 도심부에는 고층 빌딩이 늘어서 있고 마을에는 많은 독일제 고급차가 돌아다니는 버블 상태를 야기시키고 있다. 또한 타린 시내에서는 노면 전차가 활약하고 있는 것도 흥미롭다.[4)]

이곳의 명물은 태고의 송진 화석인 호박으로 먼 옛날부터 지중해 지방까지 수출해 왔다고 한다. 발트해 해저에서 산출되며 해안으로 올라오는 듯하다. 그러나 오늘날 에스토니아는 러시아의 천연가스나 원유 적출에 관련된 전략적인 위치를 이용하여 일찍이 탄압에 대한 보복과 동시에 이권 확보에 여념이 없다. 그렇기 때문에 러시아와의 알력이 끊이지 않는다.

그런데, 지금 지역격차로 고민하고 있는 지방도시는 차라리 외국으로부터의 직접 투자를 유치하도록 노력하는 것이 어떨까. 예를 들면, 카고시마는 유사 이래 중국, 한국, 대만 등 여러 나라와의 교류의 역사가 오래되었다. 쇄국정책을 폈던 에도시대에 있어서도 동지나해에 면한 우라마찌(浦町)에서는 비밀리에 교류를 했다고 한다. 그 중에는 불행한 관계도 있었을지도 모르지만, 앞으로는 중국 측에서의 직접 투자를 받아들이는 등 좀더 적극적으로 도시 간 연계를 추진하는 것을 생각하는 것은 어떨까 한다. 필자는 수년 전 구 구시키노(串木野)시의 자매도시 아모이(福建省厦門)시를 방문했는데, 이쪽은 인구감소에 고민하는 카고시마와는 대조적으로 괄목할 만한 발전을 이룩하고 있다. 인구 180만의 임해도시로 마치 홍콩과 같은 거대한 섬인데, 본토와는 고속도로교로 연결되어 있으며, 통행료는 ETC로 지불한다. 시 버스의 요금도 터치식 카드로 지불하는 등 최신식 시스템이 가동하고 있었다. 또한 다양한 환경정책을 채용하여 중국 제2의 공기 좋은 도시가 되었다. 이 도시와 연계하는 경우, 어쩌면 카고시마 시가 타린의 역할을 담당하는 것도 생각할 수 있다.「탈싱키」에서는 양 도시의 불균형을 이용하는 것뿐만 아니라, 보다 상호 보완적인 관계를 목표로 해야 한다는 비판이 나오고 있다는 것도 언급해 두고 싶다.

4) 오카베 아키코(岡部明子)「탈싱키의 도전-성장을 바라는 도시와 안정을 원하는 도시의 연대」『지역개발』2005. 4.(pp.19~25), 일본지역개발센터

04

영국의 지역 순회

「콤팩트 시티」라는 말을 세계에 발신했던 것은 옥스퍼드 브룩스 대학의 마이크 잭크스 명예교수이다. 그리고 어번 디자인 분야에서 주목을 받고 있는 「퍼미어빌리티(침투성)」라는 개념의 발신자는 같은 대학의 이안 벤트레 명예교수이다. 우리는 옥스퍼드에서 행운으로 이 두 석학과 인터뷰할 기회를 얻었다.

이 장에서는 두 분과의 인터뷰를 소개함과 동시에 아름다운 전원지대로서 알려진 코츠월즈(Cotswolds)의 입구에 해당하는 옥스퍼드 마을을 비롯하여 각지를 둘러보고 마지막으로는 런던에 대한 지역 재생의 움직임을 살펴보고자 한다.

4.1 영국의 움직임

떠나지 않는 전원 지향(그림1)

그림1 영국의 도시 위치도

영국은 도시보다도 전원이 아름답다고 한다. 그 중에서도 일본인에게 인기가 높은 지방은 코츠월즈이다. 완만한 언덕에 봉밀(蜂蜜)색의 농가. 그림과 같은 세계이다. 그 입구에 있는 것이 유명한 대학 도시 옥스퍼드이다. 우리는 이 마을에서 콤팩트 시티론의 교조(教祖)라고도 할 수 있는 마이크 잭스 교수를 만났다. 교수가 재직하고 있는 곳은 정확하게 말하자면 옥스퍼드 브룩스 대학으로 이것은 역사적인 옥스퍼드 대학과는 다른 곳으로 최근 종합대학으로 승격한 칼리지이다. 그러나 영국 대학 비교기관에 따른 랭킹에서는 도시연구 부문에서 상위권에 위치하며 세계 여러 곳에서 학생과 연구자들이 모여들고 있다. 이 대학에는 어번 디자인 분야에서 세계적으로 알려진 이안 벤트레 교수도 있으며, 우리는 이들 석학 두 분의 연구 현장과 그 분들에 대해서 자세히 알아볼 수 있었다.

다음으로, 역시 코츠월즈 지방 남쪽의 입구라고 부르고 있는 온천도시 바스(Bath)를 방문했다. 이 도시는 영국의 어번 디자인의 조형(祖形)이라고 할 수 있는 존 우드 부자의 리조트 도시개발이 이루어진 곳으로 세계 유산에 등록되어 있으며, 재방문자가 많은 훌륭한 관광지로서 알려져 있다. 일본에서는 전통적인 온천 관광지의 지반 침하가 심각해서 지역경제에 있어서 커다란 손해를 입히고 있는 사례가 많지만, 이 마을의 성황은 그와 같은 지역의 재생에 있어서 많은 참고가 될 것이라고 생각된다.

찰스 황태자가 제창한「어번 빌리지」의 모델인 파운드 밸리가 있는 마을 도체스터(Dorchester)는 리조트로서 인기가 있는 영국 남서부에 위치한 그 자체가 대단히 매력적인 시골마을이다. 전회의 조사 때보다 더욱 발전을 거듭하고 있는 이 마을을 보고 일본 지방도시의 미래에 희망을 찾아볼 수 있었다.

맨체스터(Manchester)에 대해서는 앞선 저서『마을 만들기의 신조류』에서는 도시 재개발의 실패에서 재생으로 향한 흄 지구를 다루었는데, 금회의 조사에서는 재생사업 발족 후 10년간에 걸쳐서 계속적으로 실시되어 온「사업평가 시스템」을 살펴보았다. 일본에서도 최근, 다양한 공공사업에 대해서 평가 시스템의 적용이 의무화 되고 있는데, 그 성과는 아직 뚜렷하게 나타나고 있다고는 할 수 없다. 이미 사업 발족 후 10년이 경과했으며, 또한 성장을 거듭한 이 지구의 성공비결을 찾음과 동시에 이 마을 외의 다른 지구에서 진행중인 재생사업에 대해서도 개괄적으로 알아보고자 한다.

영국에 있어서 마을 만들기의 카리스마인 이안 카훈 교수는 황폐했던 쉐필드의 재생에 성공한 후, 그 수완을 인정받아 영국의 동북부에 위치한 역시 황폐했던 항구마을 헐에 초빙되어 그 재생에 종사해 있다. 우리는 카훈 교수의 안내로 그 현장을 둘러보았다.

마지막으로 런던에서 그다지 어렵지 않게 방문할 수 있으며, 카디프 대학의 연구에서도 칭찬받고 있던 동 런던의 어반 빌리지를 방문하여, 올림픽을 계기로 지금까지 뒤쳐져 왔던 이 지역의 재생을 진행하고자 하는 계획을 개괄적으로 살펴보고자 한다. 리빙스톤 시장은 지역 재생을 제창하여 올림픽 유치에 성공한 것이다. 또한, 영국인에게 뿌리 깊은 전원 지향에서 만들어진 도시 속의 전원, 북 런던의 햄스테드(Hamstead) 가든 서바브를 방문했다.

영국인은 대륙부 유럽 사람들보다도 전원을 사랑하는 마음이 강하다고 한다. 그것이 단적으로 나타나고 있는 것이 근대 도시 이론의 창시자라고 할 수 있는 에베네저 하워드의「전원도시」이며, 앞서 언급한「가든 서바브」이고, 찰스 황태자의「어번 빌리지」이다. 모두 도시와 전원이라는 대립 개념을 연결하여 국민 감정에 강하게 어필하고 있다. 다도의 제창자, 타케노 죠노(武野紹鷗)가「도시 속의 산속마을」을 이상으로 하듯이 도회인은 전원 없이는 살아갈 수 없을지도 모른다. 격차에 괴로움을 겪고 있는 지방의 활로가 있다고 하는 점, 바로 그것에 주목해야 할 것이다. 이것은 어쨌든 영국인에게 한정된 이야기가 아니라 먼 옛날 로마의 시인 윌기리우스는 이미 농경생활에 대한 동경을 읊조리고 있었다. 치바 대학의 오카베 아키코(岡部明子) 준교수에 따르면 최근 타계한 도시 평론가 제인 제이콥스는「농촌은 도시에서 태어났다」고 주장하고 있는데, 가정 채원을 만들 수 없을 정도로 밀도가 높아진 도시에서 주변에 농지를 구하는 형태로 발전한다는 패턴은 생각될 수 없는 것은 아니다. 발상의 전환은 언제나 가능한 것이다.

영국 농촌의 현실은 꿈에 그리던 것과는 차이가 있다. 식료 자급률이라는 측면에서 보면 곡물에 관해서는 100%를 넘고 있지만, 고기나 야채, 과일 등 수입품의 저렴한 가격이 국내 농가를 압박하고 있는 것이다. 그러나 국토의 지형이 거의 평탄하기 때문에 농가의 평균 규모는 25헥타르로 일본의 1.6헥타르에 비하면 지극히 규모가 크다. 그래도 농업만으로 먹고 사는 것은 어려우며, 영국 정부도 그린 투어리즘 혹은 루랄 투어리즘을 적극적으로 장려하고 있다. 이것은 도시에 사는 영국인의 전원지향에 따른 최선의 방책이라고 할 수 있지 않을까? 전국적인 네트워크로서는 1983년에「팜 홀리데이 뷰로」가 조직되어 있는데, 여기에 가맹하고 있는 농가의 수는

1,000 이상으로 그다지 많은 것은 아니다. 영국의 아름다운 전원 경관의 많은 경우가「내셔널 트러스트」라는 민간단체에 의해서 유지되고 있다고 해도 과언이 아닐 것이다. 이것은 많은 단체나 개인으로부터의 기부금에 의해서 운영되고 있는 조직으로 그만큼 국민의 의식이 높다고도 할 수 있다.[1)2)]

1) 콘도 히사오(近藤久雄) 외 저,『영국을 알기 위한 65장』明石書店, 2003

2) 도우모토 코우키(都下弘紀) 저『유럽 전원과 농장여행-클린투어리즘으로의 초대』東京書籍, 1998

코츠월즈(Cotswolds) 입구의 대학도시

옥스퍼드(Oxford)(그림2)

그림2 옥스퍼드의 위치도

그림3 옥스퍼드의 시가도

옥스퍼드는 케임브리지와 맞먹는 대학도시인데, 이 도시를 형성하고 있는 건물의 색은 봉밀색 그 자체인데 서쪽으로 펼쳐진 코츠월즈의 마을들과의 공통적인 표정이 보인다. 멀리 남쪽에 있는 온천 도시 바스에서는 흰 석회암을 사용하고 있는데 똑같은 조성이다(그림3).

그리고 우리가 이 도시를 방문한 것은 해리 포터의 마법학교를 보러 온 것이 아니라, 오늘날 마을 만들기의 중심 개념이 된 콤팩트 시티의 창시자라고 할 수 있는 마이크 잭크스를 만나기 위해서였다. 잭크스는 유명한 옥스퍼드 대학 안쪽에 있는 옥스퍼드 브룩스 대학의 명예교수이다(그림4). 이 마을에는 이전, 일본에 콤팩트 시티 이론을 가져온 메이죠(名城)대학의 카이도 키요노부(海道清信) 교수가 잭크스의 연구실에 체재하고 있어 우리들은 키요노부 교수에게 시내를 안내 받았었는데, 이번에는 직접 잭크스 교수의 연구실을 방문했다. 그런데 솔직히 말하면 우리는 옥스퍼드 대학의 이름을 들어봤으나 옥스퍼드 브룩스 대학의 이름은 들어본 적이 없었다. 그러나 그것은 우리들의 정보가 미비하다는 증거였다. 이 대학은 역사 짧은 신생 대학이기는 하지만 현재, 도시 연구 분야에서는 대단히 뛰어난 업적을 올리고 전 영국에서도 상위권에 속하고 있다. 우리들은 콤팩트 시티 외에 「퍼미어빌리티」 라는 계획상의 컨셉 조사를 목표로 하고 있었는데 그 컨셉의 창시자중 한사람인 이안 벤트레 또한 이 대학의 명예교수로 잭

그림4 마이크 쟁크스 교수와 저자 일행.

크스 교수는 우리가 동시에 인터뷰할 수 있도록 어레인지해 주었다.

쟁크스 교수는 소위 콤팩트 시티 3부작[3]이라는 저서로 잘 알려져 있는데 이들은 다양한 지역의 연구 논문 모음집으로, 말하자면 국제회의의 학술 강연록이 되어 있어서, 그가 가진 전 세계에 널리 퍼져 있는 풍부한 인맥을 보여주고 있다. 필자가 이후에 헬싱키로 갈 것이라고 이야기 하자, 곧바로 헬싱키 공과대학 도시지역 연구소의 사이리넨 부소장을 만날 수 있도록 어레인지해 주었다. 바이크 매니아인 듯 그의 책상 옆에 헬멧이 놓여 있었다. 현재, 교수는 아시아 여러 나라의 도시 문제에 관심이 있는 것 같아서 앞으로의 도시화의 흐름을 주시하고 있다고 말했다. 이와 같이 세계적인 시야를 가지고 있는 교수는 콤팩트 시티에는 각각 지역의 고유성에 기인한 다양한 형태가 존재한다고 말했다. 영국의 어번 빌리지나 미국의 뉴어바니즘에 대해서는 디즈니랜드 같아서 별로 좋아하지 않는다고 한다. 콤팩트 시티에 대해서는 앞선 저서에서 자세히 언급하였기 때문에 생략하겠으나, 쟁크스 교수에게 옥스퍼드 지역을 하루 동안 안내 받은 데다 일찍이 영국 여행의 꽃이라고 하는 중정이 있는 목조 레스토랑에서 저녁식사까지 대접해 주신 것에 대해서 크게 감격했었다.

옥스퍼드는 템스 강 상류의 인구 약 15만 명으로 이루어진 마을로 중심부의 주요한 건물은 대학에 속해 있으며, 중세 이래의 분위기가 농후하다.

3) Mike Jenks et al, The Compact City-A Sustainable Urban Form -, E & FN Spon, 1996
Mike Jenks et al, Achieving Sustainable Urban Form, E & FN Spon, 2000
Mike Jenks and Rod Burgess, Compact cities, Sustainable Urban Forms for Developing Countries, Spon Press, 2000

그림5 지붕이 있던 시장. 다양한 상점이 들어가 있다.

그림6 렌탈 보트 승선장. 템스 강까지 갈 수 있다. 제롬의 해학소설『보트의 세 남자』(이와나미 문고)의 기분을 느낄 수 있다.

여기에는 중심부로의 자동차 진입을 금지하여 버스나 택시로만 접근이 가능한데, 게다가 교외의 쇼핑센터 등의 건설도 금지되어 있어 스프롤을 피한 전형적인 콤팩트 시티가 되어 있다. 카이도 선생에 의하면 중심 시가지의 일일 통행량은 약 4,000명 정도로 일본의 같은 규모 도시에 비해서 약 10배나 번화하다. 또한 관광도시로서 연간 500만 명이 방문하고 있는 것도 마을의 활성화에 공헌하고 있을 것이다. 마을의 중심부에는 시 소유의 지붕이 있는 시장에 다양한 가게가 모여서 있어 활기차며, 카이도 선생이 즐겨찾는 곳이기도 하다(**그림5**). 또한 다리 옆의 물가에는 카페가 형성되어 종래 기후가 나쁜 영국에서는 볼 수 없었던 풍경을 만들어 내고 있다. 우리는 여기에서 발로 젓는 보트를 빌려 운하관광을 즐겼다(**그림6**).

그리고 옥스퍼드 브룩스 대학의 또 한사람 유명 교수인 이안 벤트레도 더할 나위 없는 호인으로 우리는 교원식당에서 커피를 대접받으면서 1980년대부터 증쇄를 계속하고 있는 영국의 어번 디자인 기본 교과서『응답하는 환경』[4]을 저술한 저자의 이야기를 들을 수 있었다(**그림7**). 앞선 저서에서도 다룬바 있는 퍼미어빌리티라는 개념의 정의에 대해서 직접 듣고 싶었는데, 이 개념에 대해서는 이미 일본에서도 널리 알려져 있는「스페이스 신텍스 이론」의 개발자로 런던 대학 교수인 빌 히리어에게 물어보는 편이 좋을 것이라고 대답했다. 히리어는 마을의 퍼미어빌리티를 정량적으로 평가한「아크시마」라는 소프트를 개발했으며, 그것을 판매하고 있다

4) Ian Bentley, Responsive Environment, The Architectural Press, 1992

고 한다. 우리는 히리어와 만날 시간적 여유는 없었지만, 이 개념이 의미하는 바를 깊이 이해할 수 있었다. 퍼미어블한 마을은 커다란 바위를 깨서 만든 작은 돌이 물을 흘려보내기 용이하듯이 사람들이 마을 구석구석까지 둘러볼 수 있도록 시선도 쉽게 닿을 수 있는 것을 말한다. 일찍이 이와 같은 마을을 해체해서 커다란 가구를 형성하는 것이 도시 개발이라 생각되어 있었지만, 벤트레는 이미 80년대부터 그것을 역행하는 마을 만들기를 주장하고 있었던 것이다. 옥스퍼드는 마치 그와 같은 마을의 전형이라고 할 수 있을 것이다.

그림7 이안 벤트레 교수와 필자 일행.

그림8 교회 탑에서 내려다본 마을. 마을 외측은 아름다운 전원이다.

게다가 이 마을 외곽에는 BMW 공장이 있어 지역경제에 공헌하고 있다. 또한 마을 중심에는 「블랙웰즈」 라는 옥스퍼드 제일의 서점이 있어 우리들도 찾고 있었던 지구의 주거 지도를 그곳의 플랏터에서 여러 장 출력하였다. 역사, 문화, 경제와 풍요로운 자원의 혜택을 받은 콤팩트 시티의 이상형을 여기에서 보았다(**그림8**).

4.3 코츠월즈(Cotswolds) 지방의 온천 리조트

바스(Bath)(그림9)

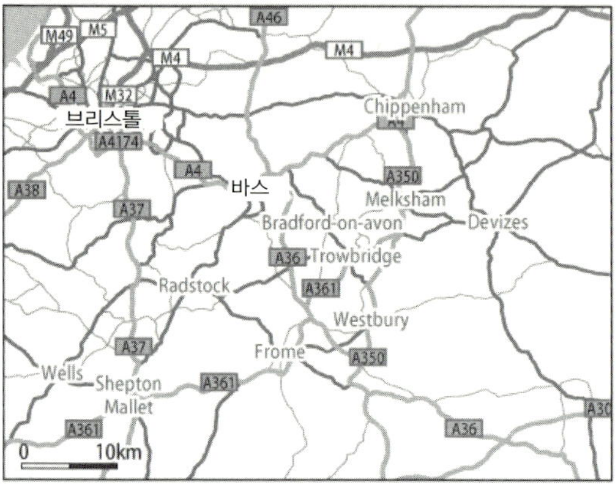

그림9 바스의 위치도

영국의 전원 중에서도 코츠월즈 지방은 일본인 관광객의 메카이다. 이 지방 특유의 봉밀색 석회함으로 만들어진 건물은 경관에 통일감을 주며, 때로는 물결치는 듯 늘어선 초가지붕 집들이 포근함마저 들게 한다. 그리고 이 지방에서 세계 유산에 등록된 온천 리조트가 바스이며, 게르만 고어 「목욕탕(바스)」에 유래하는 지명이 나타내듯이 2000년 전의 로마시대부터 이어져 온 온천은 지금까지도 따뜻하다(그림10,11).

그리고 이 마을은 런던에서 140킬로미터 정도 떨어져 있어 페딩턴 역에서 특급으로 1시간 반 정도 걸린다. 로마시대 이후에는 낙후되었지만, 18세기에 들어서 재평가되어 상류 계급의 보양지로서 석조의 훌륭한 거리가 형성되었다. 그 중에서도 유명한 것이 18세기 영국 고전주의 건축가 존 우즈 부자가 건설한 「더 서커스(The Circus)」(그림12)와 「로열 크레센트(Royal Crescent)」(그림13)이다. 두 군데 모두 지금으로 말하자면 리조트 맨션으로 전자는 원형, 후자는 초승달형이라는 특징적인 평면형태를 하고 있으며, 오컬트(occult)에 몰두하고 있던 부자가 태양과 달을 상징하여 만든 것이라고 한다. 이 마을을 발전시킨 장본인이 1704년에 런던에서 온 리차드 낫슈로, 그는 이상적인 리조트를 실현하기 위해 상류층에서 중류층에 이르기까

그림10 바스의 시가도

그림11 목욕탕 유적은 박물관이 되었으며 안에는 온천수를 마시는 펌프룸이라는 카페와 같은 방이 있다.

그림12 더 서커스(The Circus). 원형의 타운 하우스. 중앙에 나무숲이 있다. 3방향으로 길이 나 있다.

그림13 로열 크레센트(Royal Crescent). 반원형의 타운 하우스. 원래는 지층에서 최상층까지 세로 1열이 1구획으로 되어 있었다. 이면에는 마차를 넣어두는 건물이 붙어 있다. 앞에 있는 공원은 거주자의 전용 정원.

지 폭넓은 층이 즐기며 체재할 수 있도록 리조트 생활의 에티켓을 책임지고 관리했다. 그에 이어서 우드 부자를 지원하면서 바스 지역을 개발했던 것이 우체국 직원 출신으로, 이윽고 이곳의 시장으로까지 출세한 랄프 알렌으로 그는 인근 채석장을 매입하여 「바스 스톤」 이라 부르는 그 돌을 이용하여 마을 만들기를 도모했다. 그렇기 때문에 이 마을의 경관은 통일감이 있는 것이다. 시장이 자신의 기업을 적절히 이용함으로써 오늘날의 관점에서 보면 비리에 해당하지만, 그 덕분에 세계 유산으로 지정되었기 때문에 놀라울 따름이다.

현재 이 시의 인구는 약 8만 4,000명으로, 시내에는 바스 대학도 있으며, 마을은 활기 넘쳐 보인다. 그러나 영국 제일의 지명도를 자랑하는 이 마을도 한때는 100만 명의 숙박객이 75만까지 떨어져 어려운 처지에 빠졌었다고 한다. 그래서 기사회생의 방책으로서 등장한 것이 「시미 스파」 라는 거대한 온욕시설이다. 지금까지 마시는 용도로만 이용해온 온천수를 로마

그림14 역에서 중심으로 향하는 대로는 대단히 번화하다. 차는 들어갈 수 없다.

그림15 로열 크레센트의 원경. 배후의 언덕에 영국 고딕 로만의 귀재 윌리엄 벡포드가 만든 정원「폰트힐」이 보인다.

시대와 같이 다시 목욕용으로 이용한다는 컨셉으로 2004년에 일단 오픈했지만, 건물의 결함으로 폐쇄되어 작년 재개되었다고 한다. 우리가 방문했을 때는 폐쇄중었지만, 2003년의 통계를 보면 숙박객수는 이미 86만 명에 달하고 있었기 때문에 지금은 옛 모습을 되찾았을 것이다. 이곳의 특징은 다시 방문하는 손님이 반수를 넘고 있는 것으로 볼 때, 사람들이 가장 높이 평가하고 있는 것이 가로경관과 건물의 아름다움이라는 점은 매우 참고가 된다(**그림14**).

부친인 우즈는 요크셔 주 대공의 아들이었는데, 젊은 시절에는 런던에서 수행한 적도 있지만, 말년에는 바스에서 아들과 함께, 말하자면 부동산 투기를 위한 일을 하고 있었다고 할 수 있지만, 이후에 조지왕조 양식이라 부르는 영국 고전주의 건축의 아버지라고 불리는 것으로 볼 때 인간에 대한 평가는 어려운 듯하다. 19세기에 들어서 런던에서 같은 일을 해서 유명해진 것이 존 낫슈인데, 그는 런던 중심에 브랜드 숍이 늘어서 있는 리젠트 스트리트와 고급 주택가로서 명성이 자자한 리젠트 파크를 만들고 런던의 가로경관을 다듬었다. 그러나 그 또한 타고난 성품이 괴팍한 투기가로 작품은「하리보테(거대종이공작)」으로 형편없지만, 그 테마파크적인 포퓨리즘은 오늘날에 이르기까지 세인에게 지속적으로 평가받고 있다.

18세말 무렵, 많은 부호가 바스 주변에 별장을 지었는데, 그중에서도 그 정원이 널리 알려져 바스를 기점으로 한 정원 순방 바스 투어도 인기를 끌었다. 가장 근방에 있는 것이「폰트힐」이라는 정원으로, 이것은 로열 크

그림16 풀테니교(Pulteney Bridge). 베니스의 레알토 다리와 같이 양측에 상점이 늘어서 있다.

그림17 지붕이 있는 시장. 다양한 업종이 동거하고 있다.

레센트 배후의 언덕에 솟아 있는 탑에 의해 그 소재를 알 수 있다(그림15). 그도 그럴 것이 이 정원의 주인은 영국을 대표하는 고딕 로만의 부호 작가 윌리엄 벡포드로 그는 그의 소설 세계를 현세에 창출하고자 수도원을 건설하여 유명한 화가 터너의 그림에도 나오는 높은 탑을 건설한 것이다. 지금 보이는 탑은 나중에 재건된 것인데, 그래도 정말로 흥미로웠다. 주변의 정원 중에서도 저명한 것은 당시 은행가였던 헨리 호아가 만든 「스토어헤드」 이다. 여기는 일본이나 중국의 회유식 정원과 같이 연못 주위를 한번 돌면 당시 인기 화가였던 클로드 로란이 그린 고대 그리스의 정경을 볼 수 있도록 의도하여 설계되었다. 건물과 다리는 이 스토리를 위한 큰 도구에 불과하다. 이와 같이, 그림 같은 세계를 건축과 조원에 요구하는 방식을 「픽처레스크(그림과 같은)」 라 부르는데, 뉴어버니즘과 어반빌리지 등, 필자가 앞선 저서 『마을 만들기의 신조류』 에서 설명한 새로운 어번 디자인을 목표로 하는 것과 상통하는 부분이 있다.

바스의 마을에는 이와 같은 꿈을 연출하는 대도구가 다수 있다. 에이본 강에 걸쳐진 풀테니 다리(Pulteney Bridge)(그림16)는 양측에 상점이 늘어서 있어 베니스의 레알토 다리를 상상하게 하며, 18세기에 발굴된 로마의 온천 유적은 현장감 넘치는 일본어 해설을 들려주는 대출용 AV장치를 갖춘 박물관으로 되어 있으며, 15세기에 세워진 건물 안에는 17세기에 창업한 「서리 란」 점포가 지금도 「반」 이라 부르는 감미를 더한 빵을 팔고 있다. 또한 마을 각지에는 지붕이 있는 시장이 있어 대단히 활기차다(그림17). 안쪽 마을에는 돌 하우스 전문점도 있으며, 본격적인 주택 모형도 놓여 있기 때문에 우리들에게 있어서는 발길을 돌리기가 힘들었다.

필자는 이와 같은 가짜와 종이 한 장 차이인 허구성, 즉 축제성 자체가 리조트의 특성이며, 마을 만들기의 유효수단이 아닐까 생각했다. 근거 없는 이야기일지 모르지만, 예전 그리스나 로마 시절부터 「마을 만들기」 야말로 제왕이 민심을 얻는 가장 유력한 수단이었던 것이다. 우리에게 필요한 것은 「현대의 리차드 낫슈」 이며, 그는 위대한 리조트의 프로듀서였던 것이다.

4.4 어반빌리지(Urban Village)의 고향

도체스터(Dorchester)(그림18,19)

그림18 도체스터의 위치도

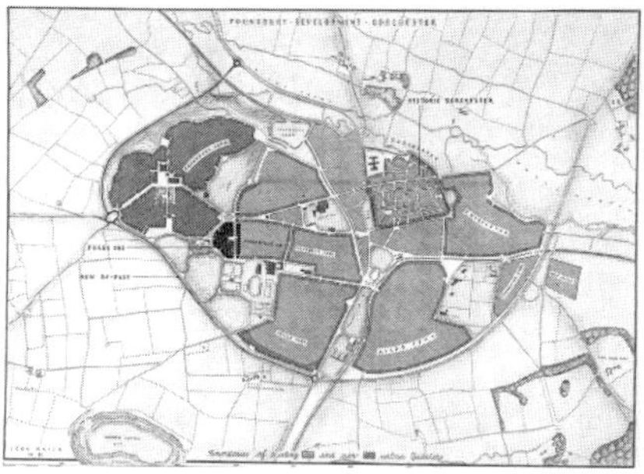

그림19 도체스터의 시가도

찰스 황태자가 스스로 이상으로 생각하는 마을 만들기를 했던 것이 어반 빌리지의 효시가 된 파운드 밸리였는데, 그 소재지가 남 잉글랜드의 도체스터라는 작은 마을이다.[5] 인구 1만 6,000 이상으로 행정적으로는 도셋트군에 속한다. 찰스 황태자의 사업은 부동산 불황이 최악의 상황으로 치닫고 있던 1995년에 판매개시라고 하는 역경에서 출발하였지만, 순식간에 모두 판매되었을 뿐만 아니라, 그 후 놀랄 만한 캐피탈 게인(Capital gain)을 양산하여 아름다운 마을 만들기가 사업으로서 충분히 수지가 맞는 것이라는 사실을 증명한 것이다. 우리는 2002년에 이곳의 현장사무소를 방문해서 자세한 설명을 들었는데, 2005년에도 다시 방문하여 제2기 공사가 대대적으로 진행되어, 1기 공사에서 마지막으로 남은 광장 주변의 슈퍼 등도 완성되고 있는 것을 확인했다(그림20).

파운드 밸리 계획은 당연히 도셋트군 당국과 협의하면서 사업이 진행되었던 것인데, 그 때 모델이 된 것이 도체스터의 구시가지 거리로 전형적인 시골마을의 경관을 유지하고 있는 것이 평가받은 것이다(그림21). 또한 이와 같은 마을의 성과는 시장에서도 높은 평가를 받고 있는 것 같으며, 부동산 가격은 지방도시라고는 생각지 못할 정도로 높은 수준에 있다. 이 마을에는 런던에 특급으로 연결되는 철도와 북방의 브리스톨로 향하는 두 개의

5) 마츠나가 야스미츠(松永安光) 저, 전게서

그림20 파운드 밸리의 현황. 공장에 면하여 상업시설도 형성되어 마을답다. 나무도 크게 자라 있다.

그림21 도체스터의 시가지. 파운드 밸리의 모델이 되었다.

철도역이 있어 편리하다. 도셋트군은 남측이 해안으로 기후가 온난하기 때문에 관광객이 연간 80만 명 정도 방문한다. 유럽 대륙과도 가깝기 때문에 외국인도 많다. 도체스터의 중심가에는 역사적인 건물이 늘어서 있으며, 파운드 밸리나 미국의 뉴어버니즘 발상지인 시사이드의 어번 디자인을 주도한 레온 클리에는 이 마을을 이상화한 드로잉에 의해서 찰스 황태자가 제창한 어반빌리지의 모델이 되고 있다. 타운센터 북측에는 로마시대 저택의 유적이 있으며, 이 마을의 오래된 역사를 보여주고 있다. 또한, 교외에는 「메이든 캐슬」이라는 거대한 인공 언덕이 있는데, 이것은 로마가 멸망하기까지 번영했던 신석기 시대부터의 취락 흔적이다(**그림22**).

이렇다할 명소는 아니지만, 19세기의 문호 토마스 하디의 고향으로 매년 페스티벌이 개최된다. 나타샤 킨스키가 주연한 비극영화 『테스』의 원작자인 하디는 작품 속에서 고향 도체스터를 「캐스터 브리지」라 표현하고 있는데, 그 이름을 그대로 빌린 작은 호텔이 메인 스트리트에 면해 있으며, 대단히 포근한 느낌이 드는 곳이다. 우리가 묵었을 때는 중정의 사과나무에 빨간 사과가 열려 있어 너무나도 시골마을의 여관다운 편안함을 느꼈었다(**그림23**). 저녁식사는 나오지 않았지만 아침식사는 유리로 되어 있는 온실에서 제공된다. 또한 가까이에 본격적인 중화요리점도 있어 홍콩에서 온 지 얼마 되지 않은 요리사가 만든 끌레론 소스의 닭튀김 요리는 일품이었다. 호텔 동측에는 프롬 강이 흐르며, 그것을 거슬러 올라가면 목장이 나온다. 돌아보면 로마시대의 유적도 남아있는 언덕위에 있는 마을이 한눈에 들어오고, 목장 위 저녁 하늘에 부유하는 교회의 실루엣이 인상적이었다.

그림22 군청 이면에 있는 로마의 유적. 바닥의 모자이크 등을 볼 수 있다.

그림23 캐스터 브리지 호텔. 문호 토마스 하디를 기념하기 위해 붙여진 이름이다.

그림24 시가지 이면의 목장. 패브릭 패스가 설치되어 있다.

게다가 영국의 목장과 밭에는 「패브릭 패스」 라는 누구나 통과하는 통로가 있어 많은 사람들이 자유로이 산책을 즐긴다. 그린 투어리즘을 정착시키기 위해서는 일본에도 필요한 제도일 것이다.(**그림24**) [6)]

마을 중앙에 있는 버스터미널에서는 각 방면으로 향하는 버스가 다니고 있는데, 북쪽으로 13킬로 정도에 있는 선 어바스라는 마을을 방문했다. 「언덕 경사면에 그려진 거인의 형상이 있기 때문에 보면 좋을 것」 이라고 파운드 밸리 소장인 사이몬 코니베어가 추천한 곳이다. 바스는 거인상의 정면에 마주하고 있다. 남 잉글랜드에는 이와 같은 「언덕 그림」 이라 부르는 형상이 각소에 있다고 하는데, 확실히 한번 볼 만한 가치가 있다. 그러나 우리가 가장 관심을 가지고 있던 것은 마을의 중심의 가로경관으로서 지금이라도 당장 무너질 듯 기울어진 초가지붕으로 만들어진 민가가 모여 있는 경관은 그 무엇도 대신할 수 없는 이 지역의 보물이라고 느꼈다. 그리고 이와 같이 작은 취락에서도 전신주의 모습이 보이지 않는 것에 놀랐다(**그림25,26**).

6) 사토 마코토(佐藤誠) 저 『그린홀리데이의 시대』 岩波書店, 2002

그림25 선 어바스의 민가. 17세기로 거슬러 올라간다.

그림26 거인이 있는「언덕 그림」. 이 근방의 토양은 초크라 부르는 흰 모래이기 때문에 풀을 어떤 모양으로 깎으면 녹음 안에 흰 선 그림이 그려진다. 언덕 경사면에 커다란 말 등을 그린 것을 언덕 그림이라 부른다. 여기에는 남성의 성기를 강조한 거인이 그려져 있다.

도셋트군에는 고속도로가 없다고 한다. 도체스터의 마을 안에는 메인스트리트는 대형차가 다니지 않고 바이패스에 의해 교통 문제를 처리하고 있다. 농업이 가격 하락으로 고심하고 있으며, 두드러진 공업도 없는 이 지방의 주요 산업이 관광이라면, 한가로운 전원적인 경관이야말로 최대의 자원이며, 캐피탈 게인(Capital gain)을 양산하는 원동력이 되고 있다고 통감했다. 일본에서도 각지에 이와 같은 명소 유적은 있다. 그러나 그 주변 경관이 모든 것을 망쳐버린 경우도 상당히 많다. 일전에 후지산을 세계 유산으로 입후보시키는 것에 반대하는 지역 관광업자가 텔레비전에 나온 적이 있는데, 이러한 사람들 때문에 일본의 지방 몰락이 가속화되고 있는 것이라고 생각했었다.

4.5 도시 재생의 카리스마 탐방기

할(그림27,28)

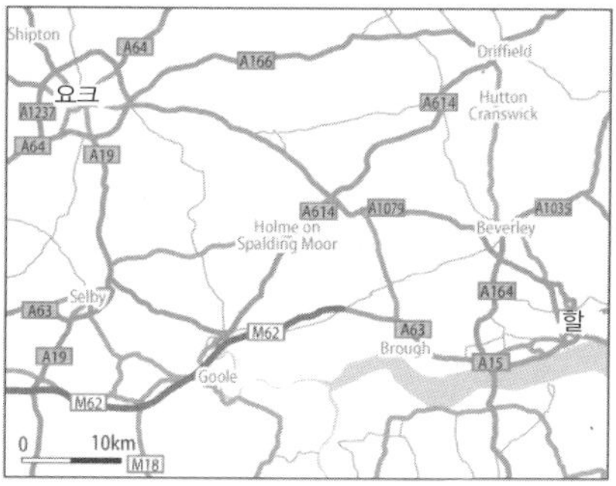

그림27 할의 위치도

그림28 할 시의 시가도

우리가 잉글랜드 동북부에 있는 낙후된 항구마을 할을 방문한 것은 영국 마을 만들기의 카리스마라고 할 수 있는 이안 카훈 교수를 만나기 위해서였다. 카훈은 쉐필드의 도시 재생에 공헌한 것을 끝으로 할 시의 주임 건축가로서 초청되어 이 마을의 도시 재생에 관여해 왔다. 카훈 교수는 린칸 대학에서 교편을 잡으며 치바 대학에도 객원교수로서 초청된 적이 있다. 한편, 교수의 하우징에 관한 저서는 일본에서도 널리 알려져 있으며, 대단한 영향을 미쳐 왔다. 필자의 사무소 스태프 우루시바라 히로시(漆原弘)가 영국에 유학할 당시에 지도해 주었던 것이 카훈 교수였던 인연으로 약속을 잡을 수 있었을 뿐만 아니라, 할의 마을을 하루 동안 안내 받을 수 있었던 것은 다행스러웠다. 게다가, 교수 부부는 자선가이기도 하여 친자녀 외에 외국에서 고아를 데려다 키워 냈으며, 유학생을 자택에 체재시켜 사무소에서 아르바이트를 시키기도 했다. 우리에게도 중국에서 치바 대학으로 유학 온 후 카훈에게 지도받고 있는 에이미 첸이 통역으로서 도와주었다(그림29).

할 시는 북해로 흘러들어 가는 한바강 하구에 위치하는 인구 25만의 전 영국에서 15번째 대도시이다. 국내외의 해운 센터로서 발전을 거듭하면서 많은 조선소를 비롯하여 각종 공업이 번영했는데, 제2차 대전중에 시가지의 95%를 공습으로 소실하고, 게다가 전후 산업 경쟁력의 저하로 인해 점차로 황폐해져 높은 범죄 발생률, 높은 청년 사망률 등의 면에서 좋지 않은

그림29 카훈 교수(중앙)와 첸(오른쪽 끝)

그림30 빅토리아 도크의 주택개발

평가를 받고 있다.

카훈 교수의 전임지 쉐필드는 칼날이 있는 도구 제작으로 번영했던 마을이었는데, 경쟁력이 떨어진데다가 교외에 대형 쇼핑센터가 생기면서 중심 시가지가 공동화되어 버린 것이다. 그 후, 시내 각 지구의 문제에 대응하는 매우 상세한 방책이 채용되어 재생이 진행되고 있다. 할의 재생도 문제 지구를 정밀하게 검토하여 그 과제와 가능성을 찾는 정통적인 수법으로 실시하고 있다. 우선 거대한 브라운 필드로 변한 한바강 어귀의 빅토리아 도크 지구를 방문했다. 여기는 1985년부터 개발이 시작되어 세대수 1,000세대, 고령자 주택 30세대, 판매가격 3,000만부터 3,600만엔 정도에 분양되었다. 부지가 가진 부정적인 이미지를 불식시키기 위해 콜로니알 스타일을 채용하여 성공하고 있다. 전원도시풍으로 앞뜰과 뒤뜰이 있는 타입으로 일부 쿨데삭(cul-de-sac)으로 되어 있다(**그림30**).

그 후, 전쟁 전부터 전후에 걸친 다양한 집합주택을 둘러보았는데, 그중에서도 인상적이었던 것이 「노스할 에스테이트」라는 전쟁 전부터 있던 카운실 하우징으로, 말하자면 저소득자를 위한 시영주택이다. 노후화가 심각하여 시 당국이 재건축을 추천했지만 주민은 수복을 원했으며, 신축과 거의 비슷한 비용을 들여 예전 모습을 남겼다(**그림31**). 일반적으로 공영주택은 시 당국이 세심하게 관리를 할 수 없어 황폐해지는 경우가 많으며, 특히 전후에 세워진 프리패브 공법의 고층 주택 등에서는 주민이 발포할 위험이 있기 때문에 차에서 내리지 않도록 주의 받았다.

고령자 주택은 여러 종류가 있는데, 그 중 한 곳에 들어가 보았다. 여기에는 55세 이상의 퇴직자가 살고 있었다. 맨 처음에는 「방갈로」라 부르

그림31 노스할 에스테이트. 전쟁 전부터의 건물로 노후화 되어 있었지만 주민의 요청에 따라 재건축하지 않고 수복되었다.

그림32 「방갈로」라 부르는 단층의 연동식(連棟式) 고령자 주택.

그림33 간호가 필요한 고령자가 들어가는 그룹 홈.

그림34 가든 빌리지. 한때 사원주택이었지만 지금은 고급 주택지.

는 정원이 딸린 단층의 동이 연결된 주택에 입주하지만, 간호가 필요하게 되면 2층짜리 집합주택을 선택할 수 있다. 여기에는 식당은 없지만, 집회실, 도우미실, 취미실 등이 있으며, 각 실에는 작은 주방이 딸려 있다. 기본적으로는 자립형으로 세대간의 알력을 싫어하는 사람들에게 호평을 받고 있다(**그림32,33**).

복지주택이라는 의미에서는 1908년에 실업가 제임스 리켓트에 의해 건설된 사원주택 「가든 빌리지」가 기적적으로 공습을 피해 지금까지 남아 있다(**그림34,35**). 전원도시와 거의 같은 무렵, 이쪽에서도 정원이 딸린 단독주택에 의한 마을 만들기가 이루어졌던 것이다. 리켓트는 경건한 퀘이커(cueca) 교도로 500세대의 주택 이외에 집회소와 퇴직사원을 위한 고령자 주택도 병설되어 있다. 물론 과거에는 임대주택이었지만, 현재는 분양되어 고급주택지로서 알려져 있다.

그림35 가든 빌리지 중앙시설.

그림36 할 시의 중심시가지. 그다지 활기가 없다.

그림37 올드타운. 벽돌조 건물이 많고 리노베이션 되고 있다.

점심식사는 카훈 선생의 권유로 파브에서 유명한 요리인 휘시 앤 칩스를 먹었다. 정직하게 말하자면, 이곳 음식에는 좋은 인상을 갖고 있지 않았지만 여기에서 먹은 것은 선생이 추천한 대로 정말이지 깔끔했으며, 바삭하게 튀긴 기름옷 안의 대구도 신선하고 상당히 맛있었다.

오후에는 할시 재개발의 가장 중요한 프로젝트인 프린세즈 키 쇼핑센터와 한바 도크의 마리나에 인접한 고급 주택지 등을 보았는데, 카훈 교수로서는 구시가지인 할 강어귀의 올드타운 쪽이 가능성이 있다고 보고 있는 듯했다. 여기에는 마침 중세 이래의 벽돌조 건축이 남아 있는데다, 바다와 같이 넓은 한바강과 달리 친숙함을 가진 운하와 같은 할 강어귀에 창고군 등을 전용한 박물관이나 아틀리에 등이 여기저기 남아있어 여기를 교육·연수를 위한 러닝쿼터로서 자리 잡도록 하고, 반대쪽에 있는 브라운 필드를 주택지로 만들어 이 양자를 연결하는 보행자 전용 교를 놓는 계획도 진행하고 있었다. 저녁식사는 부인도 참석해서 올드타운의 이탈리아 레스토랑에서 즐겼다. 주간에는 사람들의 인적이 드물었던 이 지구도 밤에는 좁은

그림38 시립미술관에서 실시되고 있던 마을 만들기 워크숍.

골목길에 불빛이 흘러나와 일본의 골목길 안쪽과 같은 친숙함을 자아내고 있으며, 곧 지구 전체가 활성화될 것이라는 예감이 들었다(그림36,37).

또 하나 흥미로웠던 것은 미술관 홀에서 실시되고 있던 마을 만들기를 위한 시민 워크숍이다. 패널에 붙여져 있는 제안에 대해서 시민이 자유롭게 자신의 의견을 써 넣을 수 있도록 되어 있으며, 매우 사람이 많았다. 그리고 여기에서 제안을 하고 있는 것이 유로스타의 터미널을 설계했던 하이테크 건축가 마이클 호프킨스의 사무소였다. 듣자 하니 영국에는 스타 건축가 사무소가 이러한 화려하지 않은 일을 하는 것은 당연하다고 한다(그림38).

4.6 「계속적 사업평가」의 성과

맨체스터(Manchester)(그림39,40)

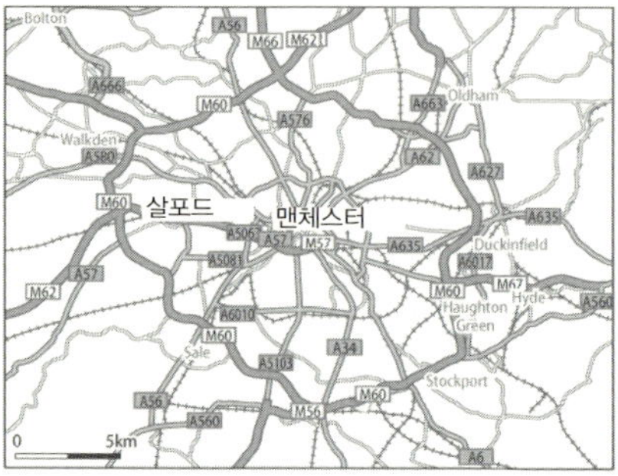

그림39 맨체스터의 위치도

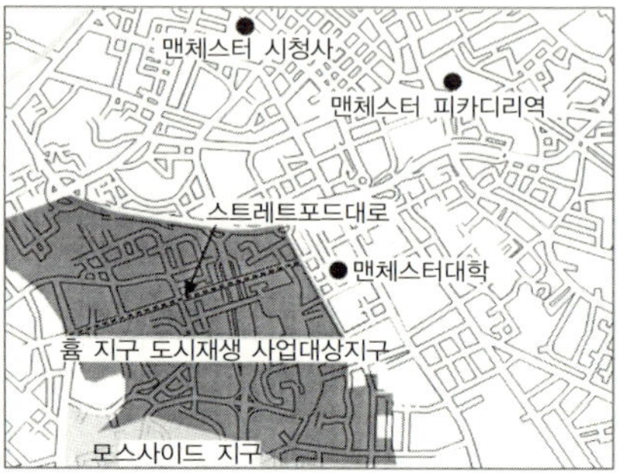

그림40 흄 지구의 시가도

산업혁명의 요람인 맨체스터 시는 영국 유수의 대도시이면서 중심시가지의 인구가 일시에 반감하여 비참한 상태에 빠졌다. 그것을 20세기 도시계획 이론의 실패 예로서 앞선 저서『마을 만들기의 신조류』의 서두에 게재하였지만, 그 후의 재생은 괄목할 만하여 우리는 다시 한번 그 성과를 확인함과 동시에 현지 관계자와 인터뷰를 했다. 우리가 앞선 저서에서 다루었던 흄 지구에서는 대처 정권시대에 시행된 일련의 도시정책의 불비함을 보완할 목적으로 메이저 정권이 되어서 발족한 도시 재생 지원 제도 「시티챌린지」에 의해 공적 자금을 비롯하여 다양한 자금이 투입되어 도시 재생사업이 실시되었다. 이 사업은 1992년부터 실시되어 5년 후인 1997년에 제1기 계획이 완성되어 시티챌린저 사업은 종료되었지만, 같은 해 블레어 정권으로 교체된 후에도 제도의 일부 수정을 거쳐 재생사업 그 자체는 계속되어 2002년 제2기 계획이 완성되었다. 현재는 제3기 계획이 실시되고 있다. 도시 재생사업은 당연히 30년 정도를 바라보고 실시된 계획이기 때문에 사업을 계속 유지하는 데는 다양한 문제점이 따른다. 여기서 채용된 것이 제3자에 의한 사업평가 시스템의 도입이다.

무릇 시티챌린저 제도 그 자체가 경쟁적 원리의 도입으로 설계경기에 의해서 실시지역을 선정했는데, 그 때의 조건으로서 파트너십에 의한 사업운영과 제3자에 의한 평가 시스템의 도입을 의무화 하고 있었던 것이다.

파트너는 물론 행정과 주민, 그리고 출자자인 공적 기관이나 민간기업 등이다. 제3자 평가는 최근 들어 드디어 일본에서도 각종 공적 기관에 도입되고 있는데, 영국에서는 이미 90년대 초부터 이 시스템이 도입되고 있었다. 또한 일본에서도 최근 도시 재생사업과 지역 재생사업에 경쟁적으로 자금이 투입되게 되었다. 우리는 이와 같은 시스템의 선진국인 영국에서 성공한 예로서 알려져 있는 흄 지구를 선택하여 조사한 것이다.

사업발족 후 십 몇 년을 경과한 흄은 3년 전에 처음 방문했을 때보다 마을형태가 신속하게 정리되어 메인스트리트인 스트레이트 포드 대로의 활기도 증가하고 있었다. 최근 완성된 시청사의 출장 기관 사무소를 방문하자 재생사업의 주체가 민간으로 이행되었으며, 시 당국에 과거의 경과를 알리는 스태프도 없어졌다는 것이었다. 그러나 어쨌든 시청 내를 찾아보도록 부탁해서 어렵사리 수 아만디라는 사람에게 10년간에 걸친 이 사업의 평가 보고서를 입수할 수 있었다. 또한, 시립도서관에는 방대한 자료가 남아 있었다. 또한 이 조사결과는 필자의 연구실에 소속된 야마모토 사토시의 박사논문으로서 국회도서관에 소장되었다[7].

평가를 실시했던 것은 지역 살포드 대학의 사프 센터이다. 시티챌린지가 실시되고 있던 전반 5년간은 매년 사업성과가 모니터링 되어 성과가 어느 수준에 도달하고 있지 않으면 다음해 보조금 신청을 할 수 없는 시스템으로 되어 있었다. 일반적으로 평가란 수치 목표를 세워서 그 달성도를 측정하는 방식과 추상적인 기본지침을 세워서 그것이 실현되었는지를 측정하는 방법이 있는데, 사프 센터는 이 양자를 적당히 섞어 평가를 실시했다. 이 모니터링의 결과, 기본지침이 현실과 괴리되어 있다는 판단에 이르게 되는 경우에는 그 지침 자체를 수정할 수도 있다는 유연한 시스템이다.[8]

7) 야마모토 사토시(山本聡), 마츠나가 야스미츠(松永安光), 토쿠다 미츠히로(徳田光弘), 우루시바라 히로시(漆原弘), 「맨체스터 시 흄지구 도시재생에 있어서 사업평가」 『일본도시계획학회 도시계획논문집』, 2006, 10
야마모토 사토시(山本聡) 「영국의 도시재생사업에 관한 기초적 연구」 鹿児島大学学位論文, 2007, 3

8) Alan Harding, Hulme City Challenge : Did it work? SURF Center, University of Salford, 1997
Alan Harding Hulme Ten years on : Final Report, SURF Center, University of Salford, 2002

그림41 흄 지구의 준공부분. 도시 재생으로서는 성공일지 모르지만, 약자가 내몰릴 가능성이 있다.

그림42 흄 지구의 메인스트리트인 스트레트 포드 대로는 번화하다.

그림43 집회장으로서 사용되고 있는 교회는 수복공사 중이었다.

그림44 언코츠 어반빌리지. 일찍이 창고와 공장으로 쓰던 건물의 리노베이션이다.

5년째 들어서 얻어진 성과는 상당히 만족스러운 것이었기 때문에 다음 5년간에 걸친 사업을 중앙 정부의「캐피탈 챌린지」라는 자금과 EU의「어반」이라는 자금을 얻으면서 계속해서 진행될 수 있었다. 이 때, 인접한 모스사이드 지구의 재생사업도 통합하게 되었다. 여기에서는 매년 실시하는 모니터링은 생략되었지만, 5년째에는 다시 종합적 평가가 이루어졌다. 시티챌린지 발족시, 이 사업의 정상적인 완성을 10년 후로 보고 있었기 때문에 사업의 계속은 당연한 것으로 받아들여지고 있었던 것 같다.

그런데 현재 속행중인 사업은 지가의 상승으로 인해 상당히 고급스러운 하우징이 민간주체로 건설되는 등 도시 재생사업에서의 오래된 딜레마인

그림45 공사 현장의 간판. 다수의 파트너가 참여한 사실을 알 수 있다.

그림46 재생 전의 참상. 일찍이 맨체스터를 지탱했던 공장군이 폐허가 되었다.

그림47 운하 연변의 건물은 수복되어 벤처기업 등이 들어가 있다.

「주택을 가장 필요로 하는 계층의 지구 밖 배제」라는 문제가 걱정된다(그림41~43). 맨체스터 시내에서는 또 하나의 어반빌리지 원리에 의한 도시재생지구 언코츠 어반빌리지 사업이 실시되고 있다. 여기는 피카데리역 동부에 있는 19세기부터 형성된 공장가의 재생으로 오래된 벽돌조 건물을 활용한 지극히 세밀한 디자인의 마을 만들기가 실시되고 있었다(그림14~40). 또한 운하 수변 등에서는 오래된 건물의 컨버전이 활발히 진행되어 소호 등으로서 임대되면서 부동산 가치를 높이고 있다고 한다(그림47). 한편으로는 기발한 디자인의 최고급 맨션이 건설되는 등 일찍이 비참했던 도시의 모습은 급속하게 달라지고 있는 듯했다.

4.7 시 안에서 산속 마을을 체험한다

리젠트 파크(Regent's park)와 햄스테드(Hamstead)(**그림48**)

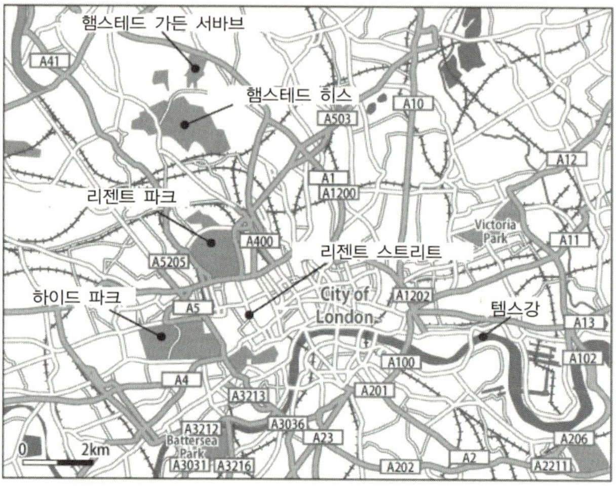

그림48 런던 북부 지도

그림49 리젠트 스트리트. 완만한 커브가 길이감을 느끼도록 교묘히 연출되고 있다. 리젠트 파크로 가는 도중, 교회에 부딪치면서 한번 꺾인다.

런던 중심이라고 하면, 피카데리 서커스일 것이다. 거기에서 북쪽으로 향하는 쇼핑가가 리젠트 스트리트이다. 완만하게 굽어진 우아한 거리는 19세기 초두의 섭정(리젠트) 조지 4세가 친구 건축가 존 낫슈에게 의뢰하여 건설한 세계 최초의 상업개발이었다. 런던 중심에서 북부에 있는 왕가의 영지로 향하는 길을 개척하여 그 양측에 지방 귀족들을 위한 테라스 하우스, 말하자면 고급 연립주택을 건설했던 것이다(**그림49**). 이전에는 메리본

그림50
리젠트 파크의 가로도

파크라는 수렵지였는데, 이것을 리젠트 파크라는 광대한 공원으로서 정비하여 그 녹음을 둘러싸듯이 장대한 테라스 하우스를 건설한 것이다. 리젠트 파크에는 동물원과 식물원이 있어, 이것은 말하자면 우에노(上野)공원을 둘러싼 만리의 장성이라 할 것이다. 혹은 거대한 중정을 가진 장대한 하우징 프로젝트라고 해도 좋을지도 모른다(**그림50**).

거기에서 연상되는 것이 바스의 로열 크레센트이다. 이곳은 약 반세기 전 존 우드의 친아들이 별장용 연립으로서 개발한 것인데, 양자가 다른 것은 거기에 사용되어 있는 소재의 차이이다. 바스에서는 바스 스톤이라는 완전 백색의 석회암이 사용되었는데 비해 리젠트 스트리트와 리젠트 파크는 벽돌 위에 흰 회반죽을 칠한 하리보테의 석조풍 건축으로 이루어져 있는 것이 초라해 보인다. 스테이터스를 높게 보이게 하기 위해 그리스 건축풍의 장식을 시공함으로써 장중한 분위기를 만들어 내고 있으며, 얼핏 고급스러워 보이지만, 전문가의 눈은 속일 수 없다. 그러나 낫슈는 오늘날의 상업 건축가와 같이 저렴한 비용으로 비싸게 파는 방법을 체득하여 그것으로 섭정자를 농락한 것이나. 다만 이 트릭은 우리가 각지에서 보아 온 최근의 어반빌리지나 뉴어바니즘의 마을 만들기는 지극히 익숙하기 때문에 반드시 강하게 비난 받아 마땅한 것은 아닐지도 모른다. 영국이 배출한 유명한 현대 건축가 고 제임스 스털링은 이탈리아 비첸차 근방에 있는 팔라디

그림51 리젠트 파크 하리보테라고는 생각되지 않는 위압감을 연출하고 있다.

그림52 햄스테드 가든 서바브의 가로도

오 작품인 귀족의 별장을 살펴보는 중에 한눈에 대리석이라고 생각했던 기둥이 벽돌에 회반죽을 칠한 것인 점을 알고 진품 지향을 버렸다고 한다. 우리 건축가도 고정관념을 버려야 하는 것일지도 모른다(그림51).

리젠트 파크에서 더 북상하면 햄스테드 히스라는 광대한 녹지에 이르게 된다. 20세기 초두, 여기에서 지하철 노잔 라인이 부설되는 것을 알았던 여성 사회 사업가 헨리에타 바넷은 이 환경이 파괴되는 것을 걱정하여 인접지를 매입, 레치워스의 설계자 레이몬드 안윈에 의한 이상적인 주택지를 건설하기에 이르렀다. 여기는 「햄스테드 가든 서바브」 라 이름 붙여 현재는 런던 유수의 고급 주택지로 취급받고 있으며 일본인 주민도 많다고 들었다. 바넷 여사는 이상주의자로 이 주택지를 모든 계층에게 열려있는 곳으로 하고자 했으나, 현재 고급 주택지가 되어 버린 것은 레치워스나 웰윈 등의 전원도시, 혹은 할에 있는 가든 빌리지 등과 마찬가지로 뛰어난 계획 이론과 주민에 의한 공고한 관리체계가 오늘날 자산 가치를 높이는 결과를 초래했을 것이다(그림52).

그림53 에드윈 라첸즈가 설계한 주택. 2세대 연동 주택인데 스테이터스감이 있어 대인기였다.

그림54 햄스테드 가든 서바브의 커먼. 멀리 보이는 것은 중심에 있는 교회.

그림55 자동차 우선으로 계획하지 않았기 때문에 도로 폭이 좁고 굽어 있어 독특한 부드러운 경관을 만들어 내고 있다.

그림56 차고가 딸린 단독주택. 임대로 나와 있다. 임대비는 높다. 뒤쪽은 커먼이 면해 있다.

햄스테드에는 근대건축의 거장 르 코르뷔지에와 동시대의 건축가이면서 보수반동의 권화(權化)로서 건축사에서 거의 무시되어 왔던 에드윈 라첸즈의 설계에 의한 주택이 몇 채 건설되어 있다(**그림53**). 그것이 오늘날 높은 평가를 받고 있는 것을 보면 역사는 재미있다. 믿을 수 없을 정도의 넓은 크기를 가진 「커먼」이라 부르는 대형 녹지를 둘러싼 주택은 도로와 커먼 양측에 면하여 수려한 경관과 환경을 누릴 수 있다(**그림54**). 주택은 단독주택이 적고 「세미디테취드 하우스(semidetached house)」라 부르는 2세대 연동(連棟)식이나 테라스 하우스와 같은 연립주택이 많다(**그림55**). 다만 자동차 교통에 대해서는 거의 고려되어 있지 않기 때문에 도로는 좁고 주택 정면에 주차장이 없는 것이 많다(**그림56** [9]). 이것 또한 한가로운 경관형성을 북돋아 주고 있다고도 할 수 있다. 영국인은 보수적이고 신변지향이 강하

9) 이안 카훈 저, 핫토리 미네키(服部岑生) 번역감수 『영국 집합주택의 20세기』 鹿島出版会, 2004

다고 하는데, 도시 안에 산중의 조용한 정취를 즐기고자 하는 다도의 정신과 통하는 부분이 있는 것은 아닐까. 어반빌리지 등이 마치 이것을 구현하는 용어로 사용되는 것이 이상하다. 어쨌든 도시 주민이 꿈에 그리는 전원. 그것은 현실적인 것이 아닌, 보다 이상화된 전원인 것이다.

4.8 올림픽을 계기로 템스 강 하구까지

동 런던 (그림57)

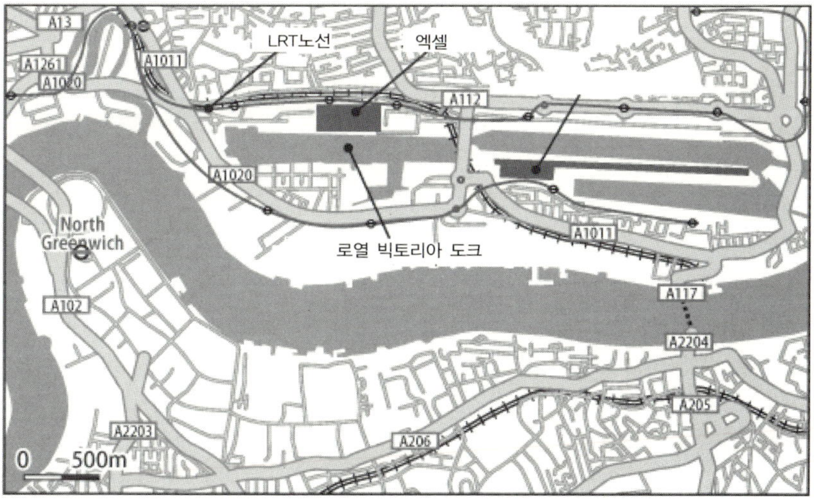

그림57 동 런던의 가로도

런던 시는 2012년 올림픽대회 후보 도시로서 이 이벤트를 지역 재생의 도구로서 어필함으로써 많은 선정위원의 공감을 얻었다고 한다. 북반구의 수많은 도시들과 마찬가지로 이 마을도 도심인 시티에서 서측으로 발전하여 동측은 그대로 남아 특히 템스 강을 따라 형성된 북측의 공업지역은 브라운 필드화되었다. 또한 이 지역은 이민 등 저소득층의 거주지구이기도 하며, 재생사업이 요구되고 있는 것이다.

이미 런던 시티 공항이 신설되어 도심에서 그곳으로 향하는 LRT(라이트 레일 트랜싯 : light rail transit) 노선도 운행되고 있으며, 연선에는 「엑셀」이라는 거대한 컨벤션 센터가 만들어졌다. 런던 시는 앞으로 12조엔이라는 거대 비용을 투자하여 이 지구의 재생을 추진할 의욕을 보이고 있다. 이것은 이미 프레스코트 부수상이 이끄는 「템스 게이트웨이 프로젝트」라는 템스 하구에 이르는 지구 전체의 개발계획과 링크하여 거대한 프로젝트가 되어 있는데, 우리가 방문한 「웨스트 실버타운 어반빌리지」에 초점을 맞추어 이야기 하겠다.10)

그림58 중앙이 로열 도크로 상공을 동 런던 공항에서 이륙한 비행기가 날고 있다. 좌측이 엑셀이라는 컨벤션 센터. 우측이 웨스트 실버타운 어반빌리지.

오랜 세월에 걸친 노동당 정권 아래, 요람에서 무덤까지 국가에 의존해 왔던 영국 사회는 경제적 파탄을 극복할 수 없었지만, 「철의 여자」라 불렸던 보수당의 대처 수상의 지휘 하에 민간자본의 활용에 의해 급속하게 재건되었다. 그 상징이라고 할 수 있는 것이 지금 우리가 방문하고자 하고 있는 시티의 동쪽, 템스 강을 따라 형성된 항만 지구(도크랜즈)의 재생사업이었다. 그 기점에 해당하는 부분에는 그때까지 런던에서는 볼 수 없었던 맨해튼류의 초고층이 나란히 세워진 지구이며, 아무래도 거품이 있는 것으로 보이며, 일찍이 방문했던 독일의 프랑크푸르트를 연상시켜 결코 축복받은 마을은 아니었다. 이윽고 재생사업은 동쪽으로 진행되어, 앞서 언급한 바와 같이 다양한 시설이 「로열 도크랜즈」라 부르는 구 항만시설 대신에 생겨나게 되었는데, 이 근처에 이르면 마을 만들기 수법도 세련되어 나간 것인지, 일찍이 항구의 풍경을 느낄 수 있게 한 점이나, 환경 공생을 의식한 점도 눈에 띄는 듯했다. 그 가운데서도 주목할 만한 것은 「엑셀」이라고 부르는 거대한 컨벤션 센터 바로 건너편에 있는 「웨스트 실버타운 어반빌리지」이다(**그림58**)[10)]

웨스트 실버타운은 19세기 중반에 이 주변에 방수복 공장을 세운 사무엘

10) 이안 카훈 저, 전게서

그림59 더 크레센트라 부르는 반원형의 주거동의 1층은 점포이고, 상층은 고령자 주택도 들어가 있다.

그림60 로열 도크에 면한 소우셜 하우징. 저소득자를 위한 반공영주택이다. 크레인이 모뉴먼트가 되어 있다.

실버의 이름을 기념하기 위한 지구로, 구 왕립 도크에 면한 공업지구 이전 적지를 주택 중심으로 용도를 혼합한 어반빌리지로 다시 태어나도록 1994년에 실시했던 설계경기 결과 생긴 마을로, 컨벤션 홀 측에 있는 LRT역에서 엘리베이터로밖에 올라가지 못하는 다리를 건너가면 도착할 수 있다(그림59). 당초 안은 어반빌리지에는 드문 프로그레시브한 디자인으로 전 영국의 어반빌리지를 세밀하게 조사한 카디프 대학의 레포트에서도 높은 평가를 받았던 것이다. 그러나 실현된 것은 역시 보수성향이 강한 것으로 경사지붕을 올린 타운하우스의 연속은 밀레니엄빌리지와 비교해보면 그다지 평가할 만한 것은 못된다(그림60). 그러나 수변의 크레인을 그대로 모뉴먼트로서 살리고 작은 광장이나 골목길을 여러 곳에 집어넣는 등 랜드스케이프에 섬세한 배려를 하여 감칠맛 나는 마을 만들기를 하고 있는 점은 파운드밸리 등에 비해 보다 뛰어난 점이라고 할 수 있을 것이다(그림61,62). 11헥타르의 토지에 1,000세대를 지은 중밀도 개발로 그 중 3분의 2는 분양, 나머지는 임대주택 소우셜하우징이다. 크레인에 면한 주택은 이스트 런던 주택협회가 세운 임대주택이다.

그런데 이와 같이 적극적인 마을 만들기를 진행하고 있는 런던 시의 리빙스톤 시장은 전 영국 최초로 혼잡세를 도입한 것으로 유명한데, 내부분의 시민이 반대함에도 불구하고 도심으로의 차량 유입을 억제하고 여기에서 얻어진 재원을 공공교통 정비에 투입한다는 일석이조를 겨냥한 시책이 「환경 중시의 자세」로서 높게 평가받고 있으며, 런던의 도시 경쟁력을

그림61 곳곳에 문을 설치하는 등 변화를 주고 있다.

그림62 연동(連棟) 주택. 전체적으로 황갈색의 벽돌로 덮여 있어 고급스러워 보인다.

높이고 있는 것도 간과할 수 없다. 또한 그는 런던의 경쟁력을 높이기 위해서는 인구도 증가해야 한다고 생각하여 여러모로 문제시 되는 이민도 적극적으로 받아들이는 자세를 보이고 있다. 일본에서도 한번 생각해볼 문제라고 생각한다.[11)]

어쨌든 런던의 버블은 대단했으며, 우리가 2002년에 방문했을 때에도 경탄했던 밀레니엄 빌리지의 가격은 2005년에 방문했을 때에는 천문학적인 숫자로 고공 행진을 하고 있었다. 이런 기세로 동진을 계속해 나가는 앞에는 영불해협이 놓여있어 유럽의 도시간 경쟁이 한층 격렬해질 것이 예측된다. 이 책의 주제는 도시 재생보다도 도시 사이 지역의 재생인데, 일찍이 전혀 주목받지 않았던 템스 강 하구의 전원 지대도 템스 강 게이트웨이 프로젝트로서 개발되어, 2016년까지 1,700억엔을 투입하여 12만 세대의 주택을 공급한다는 것이 영국 정부의 계획이다.

11) 일본정책투자은행 런던주재원 사무소 「런던도시의 경쟁력 전략-혼잡세 도입을 통하여」 『일본정책투자은행 주재원사무소 보고』, 2005. 5.

05

독일 지역 순회

독일의 국토는 대체적으로 평탄하여 농업에 적당하고, 식량 자급률도 높다. 더불어 교통 인프라가 완비되어 지방 격차도 일본만큼 현저하지는 않다. 이탈리아와 마찬가지로 역사적 배경에 따라 지방분권이 철저하다. 그 가운데, 공공 교통 네트워크를 정비하여 수혜를 받고 있는 도시의 실무 담당자를 방문, 그 문제점 등을 찾아보았다.

독일은 또한 인구 감소의 현실을 바탕으로 고도성장시대에 건설된 대단지의 건물을 부분적으로 철거하여 환경을 개선하는 「줄여짓기」라는 시스템을 도입하여 실시하고 있어 그 시책도 주목을 받고 있다.

5.1 독일의 움직임

교통 네트워크와「줄여짓기」

독일은 일본과 비교하여 국토가 평탄하고 철도나 아우토반이라 부르는 고속도로가 그물과 같이 펼쳐져 있어 지역 간 인프라 격차가 적다고 할 수 있다. 그러나 40년간이나 동서로 나뉘어져 있던 지역 간 경제격차는 통일 후 여러 해가 지난 지금까지도 좁혀지지 않고 있는데 그 차이가 서독의 2배인 18%라는 동측의 실업률에 나타나 있다. 이를 위해 정부는 법인세율을 28%라는 낮은 수준으로 내리면서까지 동측으로의 투자를 유도하고 있는데, 더욱 동측으로 확대되는 EU지역이 중간에 위치한 동부의 발전을 막고 있다.[1)]

이와 같은 상황을 생각하면 암울한 생활이 상기되지만, 실제로 방문한 이 나라는 어딜 가나 아름답고, 사람들은 풍요롭게 문화적인 생활을 즐기고 있는 듯이 보인다. 더구나 독일제 자동차는 페라리를 만들어 내고 있는 나라에서조차 스테이터스 심벌이 되어 있다. 그만큼 공업력을 자랑하고 있는 것으로 그다지 비관할 정도는 아니라고 생각한다. 또한 더불어 독일의 정권을 쥐고 있는 연립내각에는 환경 중시의「녹색당」이 참여하고 있는 것과도 관련해서 특히 환경정책이 중시되고 있으며, 원자력발전소 폐지를 국시로 하여 대체 에너지로의 전환을 적극적으로 시행하고 있다.

한편, 농업은 유럽의 다른 선진 제국과 마찬가지로 자급률은 높지만 농산품 가격의 하락으로 인해 농촌은 결코 윤택하다고 할 수는 없다. 그런 가운데, 현재 적극적으로 추진되고 있는 것이 도시 주민을 농촌으로 유도하는 그린 투어리즘이며, 이것은 농가의 현금수입을 증가시킬 뿐만 아니라, 농촌에 사는 사람들의 도시 주민과의 교류에 대한 요구를 충족시키는 시스템이기도 하다. 단순한 교통 인프라의 정비에 의한 격차의 평준화뿐만 아니라, 문화적 수준에서도 평준화되기를 바라고 있는 주민의 바람을 의식해야 할 것이다. EU는 공동체로서의 조건이 불리한 지역에 보조금을 책정하

1) 아리마 스스무(有馬進)외 편,『현대 독일정보 핸드북』 三修社, 2006/무라카미 요시카즈(村上義和) 저,『현대 독일을 알기 위한 44장』明石書店, 2003

여 재생을 촉진하고 있는데, 그린 투어리즘에 대해서도 환경유지, 역사유산 보전, 지역 간 격차 시정 등의 관점에서 적극적으로 지원하고 있다.

우리의 이번 조사에서는 지난번 방문했던 곳 중에서 그다지 인구규모는 크지 않지만 정비된 교통 인프라를 갖추고 있는 지역을 재방문하여 행정 담당자와의 인터뷰를 통해 일본에서의 실현 가능성에 대한 힌트를 찾아보았다. 여기에서 유의해야 할 점은 공공 교통이 일본과 같이 독립 채산을 요구하고 있는 것이 아니라 환경정책이나 복지정책과 종합적으로 조합된 도구로서 자리잡고 있다는 점일 것이다. 교통만 본다면, 그 비용을 모두 운임이나 통행료만으로 충당한다는 것은 어느 나라에서든 불가능하다. 그것은 지역 격차의 시정이나 교통 약자에 대한 배려라는 국가적 시야에서 본 밸런스 시트 위에서 평가되어야 할 부분이라고 생각된다. 그 단적인 예는 프랑스가 좌익 정권이었던 시대에 확립된 「국민의 교통권」이라는 개념일 것이다.

독일의 국토 만들기 근간에 「F플랜」이라 부르는 광역계획과 「B플랜」이라 부르는 지구계획이 있는 것은 이미 앞선 저서 『마을 만들기의 신조류』에서 언급했듯이, 마을 구석구석까지 아름답게 만들어져야 비로소 나라 전체가 아름다워진다는 것을 일본에서도 인식하여야 한다고 생각한다. 이를 위해서는 사적권리의 대폭적인 제한도 감수해야 하지 않을까? 이들 플랜은 시민에게 철저히 주지되어 누구나 마음대로 보고 공유되어 있기 때문에 합의가 형성된 후에는 준수하는 것이 당연하다는 인식을 가지고 있다. 따라서 합의 형성에는 지대한 노력이 필요한 것은 어쩔 수 없다.

또 하나 괄목할 만한 것은 특히 구 동독에서 실시되고 있던 인구 감소에 대응하는 「줄여짓기」라는 제도이다. 예를 들면, 유명한 라이네페르데시의 예를 들어보면 1961년 당시 인구 2,600명의 작은 마을이었던 것이 그 후 당시의 동독 정부에 의해 공업단지가 건설된 결과, 1989년에는 1만 6,000으로까지 팽창하여 이에 대응하기 위해 거대한 주택단지가 건설되었다. 그런데, 동서 융합에 의해서 공업단지가 폐업에 이르자 인구는 감소하기 시작하여 현재는 1만 1,200명까지 감소해 버렸다. 하물며 당시의 단지는 집이 좁은데다가 품질도 나빠 이것을 재건축하는 비용도 마련하기 힘들게 되자,

고육지책으로서 생각해 낸 것이 단지 주택 일부를 파괴하여 규모를 작게 함으로써 환경을 개선한다거나, 주택 규모를 크게 한다거나 하는 등의 방안이었다. 그 결과, 전체 세대수는 감소했지만 질적 향상에 의해 높은 평가를 받아 새로운 기업의 진출도 시작되는 등 좋은 사이클이 생기는 효과를 보였던 것이다. 또한 역시 동독의 대도시 라이프치히에서도 서독으로의 인구 유출에 의해 인구 감소가 발생하고 있었는데, 빈집을 파괴한 터를 녹화하여 녹지 네트워크를 만들어 내는 등「줄여짓기」를 창조적으로 이용하여 도시공간을 윤택하게 함으로써 가치를 높이는 것에 성공하고 있다. 이와 같이, 인구 감소라는 부정적인 현상을 재해로 대처하지 않고 적극적으로 대처하는 창조적인 축소 도시 정책도 우리들에게 있어서 참고가 될 부분이라고 생각한다.[2)]

2) "줄여짓기"에 대해서는 최근 NHK의 "클로즈업 현재"에서도 소개되었지만, "이미 꽤" 이전부터 여기에 주목하고 있던 NPO 단지재생연구회가 2002년에 마르모출판사를 통해 "단지재생 추진"을 출판하여 자세히 기술하고 있다.

5.2 다음 단계로

카를스루에(Karlsruhe)의 트랜싯 몰(transit mall : 대중교통 전용 구간)

카를스루에에는, 앞선 저서 『마을 만들기의 신조류』 에서도 언급한 바, 최근에 일본 국내에서도 유명해진 「카를스루에 모델(LRT · 국철 · 사철의 상호 환승형 네트워크)」 의 발상지이다. 인구 약 28만으로 독일 최고재판소의 소재지이기도 하다. 그러나 북으로 프랑크푸르트, 남동쪽으로 주도(州都) 슈투트가르트와 국내외적으로 유명한 도시를 아우르고 있으며, 그 교통 네트워크가 세계의 각광을 받을 때까지는 일본에서도 독일 축구 분데스리가에 상당히 흥미가 있는 사람이 아니라면 (카를스루에 FC는 독일을 대표하는 골키퍼 올리버 칸을 배출) 아는 사람이 적은 도시간 중간 지역의 숙명을 타고난 마을이었다. 이번 조사에서는 교통 네트워크의 심벌이기도 한 트랜싯몰화 된 메인스트리트인 카이저 대로에 새로운 계획이 시도되고 있다는 이야기를 듣고 그 계획내용을 알아보기 위해 방문하게 되었다.

카를스루에 중앙역에서 카이저 대로까지는 2킬로 정도로, 역 앞에 펼쳐진 LRT · 버스 겸용 터미널에서 LRT를 이용한다. 카를스루에 중앙역은 살풍경이지만 LRT가 카이저 대로에 들어서면 아마 처음 방문한 사람도 곧바로 눈치 챌 정도로 도시경관이 순식간에 변한다. 녹음이 풍부한 트랜싯 몰이다(**그림1~3**). 카이저 대로에서 뒤쪽으로 한 블록 들어가서 인터뷰 약속을 한 시의 도시계획국으로 향했다. 거기에서는 도시계획국의 울리치 와그너, KVV(카를스루에 운수연합)에 속한 VBK(카를스루에 시교통국) · AVG(알부탈 철도)기획부의 올리버 그라사에게 환대를 받았으며, 사전에 보내 놓았던 인터뷰 내용에 따라 일부러 파워포인트까지 준비해 주었다(**그림4**).

카이저 대로의 새로운 계획이란 이 구간 내의 LRT 노선의 지하화 계획이다. 트랜싯 몰 실시 이전의 카이저 대로는 차로 혼잡하여 보행사와 노면 전차는 구석으로 내몰려 있다(**그림5**). 그러나 트랜싯 몰 시행 후 현재는 KVV의 교통 네트워크에 의한 승차장은 광역에 걸쳐 있어 메인스트리트 주변의 활기도 되살아나고 있다. 다만 그 결과, 이번에는 너무나 많은 노선이 카이

그림1 카를스루에 중앙역. 역에서 내리면 눈앞에 LRT와 버스 겸용 터미널이 펼쳐져 있다.

그림2 카이저 대로. 줄지어 늘어선 가로수가 트랜싯 몰에 정취를 자아내고 있다.

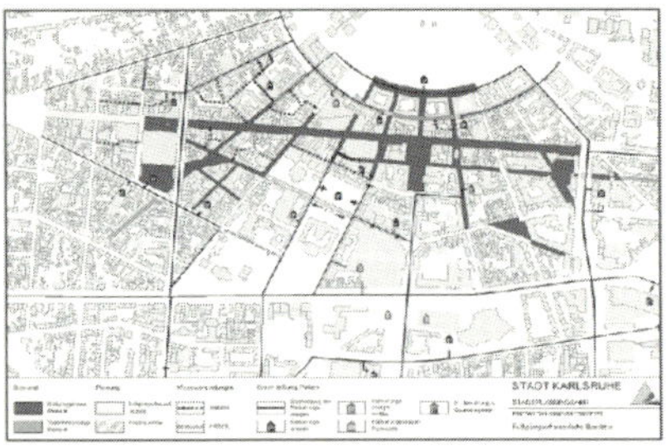

그림3 카를스루에 중심시가지와 트랜싯 몰 구간.

그림4 왼쪽부터 VBK(카를스루에시 교통국)·AVG(알부탈철도) 기획부의 올리버 그라사, 도시계획국의 울리치 와그너, 코디네이터인 마에다 나리코. 파워포인트를 이용하여 정중하게 설명해 주었다.

그림5 트랜싯 몰화 이전의 카이저 대로. 트랜싯 몰이 되고 나서야 이제까지 열악한 환경이었음을 실감하게 된다.

그림6 2호선이 1분 후, 3호선이 2분 후, 54호선이 4분 후, 55호선과 4호선이 7분 후에 동시에 도착한다. 물론 왕복노선도 있으며, 대단히 혼잡해서 도로를 횡단하기도 여간 쉽지 않다.

저 대로까지 직접 승객을 운송하기 때문에 LRT에서 길이 지나치게 혼잡하여 보행에 장애가 발행하고 있다는 점이 문제라고 한다. 그러고 보면 카이저 대로를 걸어갈 때는 LRT가 상하선 모두 끊임없이 달려, 도로 횡단도 마

그림7 카이저 대로 중심에 위치한 마르크트(중앙) 광장. 바인브렌너 설계로 18세기말 신고전주의 양식을 반영한 광장 중심에는 피라미드형 모뉴먼트가 있다. LRT가 T자로 교차하고 있으며, 전차를 기다리는 사람들과 약속을 위해 기다리는 사람들로 종일 북적인다.

그림8 점선부분이 지하화 범위. 마르크트 광장을 중심으로 T자 형태로 되어 있으며 트랜싯 몰 구간 안은 기본적으로 지하화 하는 계획.

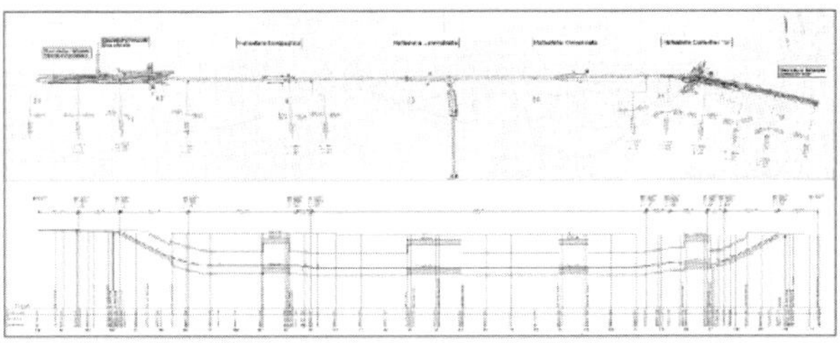

그림9 동서방향(카이저로)의 지하화 도면

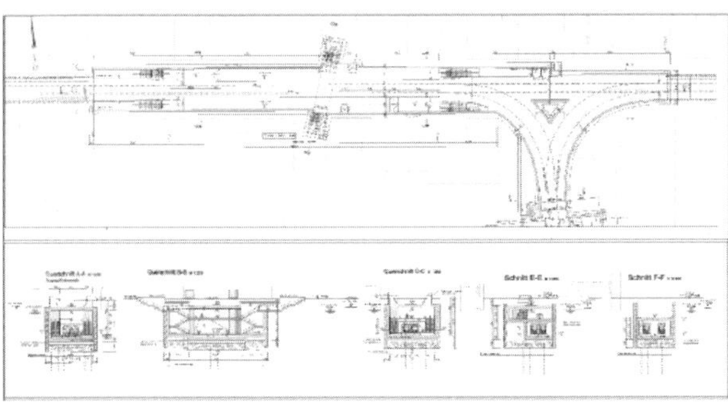

그림10 남북방향의 지하화 도면.

그림11 지하 내부의 이미지도

그림12 지하 내부의 이미지도

그림13 지하화에 의해서 보행자 천국이 된 카이저 로의 이미지도

그림14 마찬가지로 보행자 천국이 된 카이저 대로의 이미지도. 과감한 녹화를 제안하고 있다.

음대로 할 수 없다는 것을 알게 된다. LRT 정류소의 전광게시판도 2~3분 간격으로 1편, 심한 경우에는 2편의 LRT가 동시에 달리는 것을 빈번하게 알려주고 있다.(**그림6**). 거기에서 보행자의 안전성과 LRT의 정시성을 확보하기 위해 부상한 계획이 와그너가 설명해 준 LRT의 매설과 카이저 대로의 보행자 천국화이다. 이 계획은 도시종합재개발 프로젝트(City 2015)의 중심 사업으로, 구체적으로는 카이저 대로 약 2.6킬로미터와 카이저 대로 중앙부의 마르크트 광장에서 남쪽으로 이어진 길 약 1킬로미터 구간을 지하로 매설하고자 한다는 것이다(**그림7~12**). 한편, 지하화에 의해 개방된 카이저 대로는 보행공간 및 길가의 건물을 녹화하여 자연이 풍부한 보행자 천국을 연출하고자 한다는 제안이다(**그림13,14**). 그리고 이 안은 2002년 9월에 실시된 주민투표에서 찬성 56%를 얻어 가결되었다. 그러나 카를스루에 주재 저널리스트인 마츠다 마사오(松田雅央)에 따르면 지하화 안은 2007년 4월 현재도 진행중이지만 주의회의 승인이 아직 떨어지지 않아 카를스루에 시 창립 300주년 기념해인 2015년까지 모든 공사를 마무리하는 것은 무리일 것이라는 의견이었다(**그림15**).[3)]

지하화(지하철화)에 대해서는 일본의 지방도시에서도 비용대비 효과 측면에서 찬반이 나누어지는 부분일 것이다. 우리는 앞으로의 공공 교통체계

3) 마츠다 마사히로(松田雅央)는 카를스루에에서 환경 · 마을 만들기 · 도시교통 · 과학기술 · 에콜로지 · 녹지정책 · 환경정책 · 시민활동 · 복지 등을 주제로 활동하고 있으며, 아래와 같은 저서가 있다.
『독일 · 사람이 주역인 마을 만들기-발룬티어 대국을 지탱하는 시민활동』 学芸出版社, 2007
『환경선진국 독일의 현재-녹색과 트램의 거리 카를스루에로부터』 学芸出版社, 2004

그림15 오른쪽이 카를스루에 주재 저널리스트 마츠다 마사오. 카이저로에 있는 아시안 레스토랑에서.

방식으로서 비용을 낮게 억제하는 노면 전차를 기본적으로 권장하고 있는데, 카를스루에 시에서는 이미 노면 전차를 「카를스루에 모델」 에 의해 효과적으로 활용해 온 결과, 새롭게 떠오른 문제에 대해서 지하화로의 시프트를 선택하고자 하고 있는 것으로, 지하화의 시비는 어쨌든 공공 교통 시스템에 있어서 진화 수준의 차이를 통감하게 한다.

카를스루에에서는 주민투표에 의해 지하화 시비에 대한 최종 결단이 내려졌는데, 만약 주민투표에서 부결되었다면, 지금까지 준비해 왔던 지하화 계획은 백지상태로 되돌아가게 된다. 물론, 이전의 트랜싯 몰 실시 계획에 있어서도 똑같은 과정을 밟아 진행했었다. 당시 카이저로 주변의 지권자나 상점주들은 「차량을 규제하게 되면 고객이 줄어들 것」 이라고 대체적으로 트랜싯 몰에 반대하는 의견이 강했다. 한편 교외 주택지의 주민은 시 관계자들의 설명을 듣고 자신들의 편리성이 높아진다면 이라고 찬성하게 되었다. 그 결과, 간발의 차로 트랜싯 몰 실시가 가결된 것이다. 시 당국은 사업을 실현하기 위해, 단적으로 말하면 찬성표를 얻기 위해 상당히 열심히 프로모션 활동을 했다. 설명회는 물론 광고물과 계획도면 하나하나에서도 사람들이 보는 것을 의식하여 신경 써서 디자인했다. 파워포인트를 사용해서 우리에게 해준 정중한 설명도 그러한 프로모션 활동의 일환이었던 것이다.

한편, 일본에서는 주민투표에 상정되는 도시계획사업이 어느 정도나 될까. 그 대부분이 「사후평가」 에 머무르고 있는 일본의 현재 상황에 비추어 볼 때, 시의 홍보활동에 만전을 다하는 독일의 도시계획사업과는 근본적인 스탠스의 차이를 느끼지 않을 수 없었다.

인터뷰 할 때에 카를스루에의 미래에 대해서 열정적으로 이야기 하는 두 사람의 모습은 인상적이었으며, 앞으로의 카를스루에 모델의 발전도 기대된다.

5.3 트랜싯 몰의 공과

프라이부르크(Freiburg)

그림16 사진 왼쪽이 프라이부르크 도시계획국의 헨드릭 슈미트

프라이부르크(Freiburg)는 카를스루에와 마찬가지로 앞선 저서 『마을 만들기의 신조류』 에서도 언급했던 마을이다. 앞선 저서에서는 원래 프랑스 주둔 군기지이며, 현재 카프리를 비롯하여 다양한 환경정책에 대한 대응이 이루어지고 있는 것으로 알려진 보반(포보) 단지를 중심으로 소개했는데, 본서에서는 프라이부르크 도시계획국의 헨드릭 슈미트와의 인터뷰를 바탕으로 트랜싯 몰로 알려져 있는 구시가지와 프라이부르크 시 교외에 있는 또 하나의 환경공생단지 「리제르펠트 단지」 에 대해서 주로 소개하고자 한다(**그림16**).

총 면적 1만 5,000헥타르의 약 반 정도가 삼림지대, 또한 700헥타르가 와인농장이라는 자연환경이 윤택한 이 토지에서 현재 가장 주목을 받고 있는 것이 트랜싯 몰이 된 사방 500미터 정도의 작은 구시가지이다(**그림17**). 프라이부르크는 교통정책을 공공 교통기관, 자전거 교통, 보행자 교통, 자동차 교통, 주차장 관리 운영의 5개 축으로 명시하여 보행자 중심의 교통체계 만들기를 목적으로 하고 있는데, 트랜싯 몰은 「양날의 칼」 이라 보는 사람도 있다. 매력적인 도시공간의 형성과 보행자 중심의 공간 만들기라고 하면 듣기는 좋지만, 한편으로는 자동차를 이용하는 방문객은 어떻게 할 것인가에 대한 문제가 있다. 거기에서 중요한 것이 주차장의 정비다. 프라이부르크에 오기 전 주말에 같은 구시가지의 트랜싯 몰화로 유명한 스트라

그림17 대성당에서 프라이부르크의 구 시가지를 바라봄.

그림18 구시가지의 트랜싯 몰 외부에 있는 주차장. 투어리스트를 위한 인포메이션 센터가 인접해 있다.

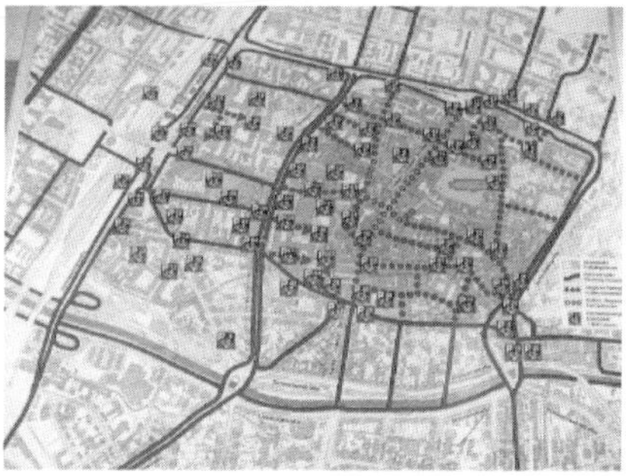

그림19 구시가지의 주륜장 배치도

그림20 자전거를 이용한 내방객이 눈에 띈다.

그림21 구시가지 내의 주륜장. 트랜싯 몰이기 때문에 주륜 스페이스를 설치하기 쉽다. 비교적 관리가 양호하며 방치된 자전거는 눈에 띄지 않는다.

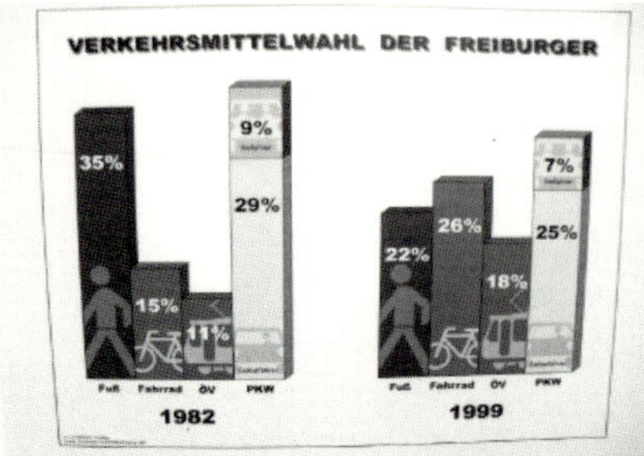

그림22 1982년과 1992년 내방자 교통수단의 변화

그림23 구시가지 북부의 트랜싯 몰 경계에 있는 낙서투성이인 봉쇄된 지하도. 이전에는 자동차 교통의 혼잡을 피하기 위해 신호를 설치하지 않아 보행자는 지하도를 이용하고 있었다.

스부르(프랑스, 앞선 저서 참조)를 방문했을 때, 구시가지의 지하주차장은 장사진을 이루어 교회 광장을 비롯하여 구시가지 부근의 주차장은 차량으로 가득 찼다. 그러나 프라이부르크에서는 교통정책 중 하나의 축인 주차장 설치가 잘 기능하고 있어 그다지 문제가 발생하지 않는다(**그림18**). 또한 구시가지 80개소 이상에 설치된 주륜공간은 요즈음의 건강 지향과 맞아떨어져서 자전거 이용자를 크게 돕고 있다(**그림19~21**). 즉, 앞서 언급한 바와 같이 5개의 축을 종합적으로 시행함으로써 단순히 트랜싯 몰에서 차량을 억제한다는 의미뿐만 아니라, 대체수단을 강화하여 내방객수가 감소하지 않도록 컨트롤하면서 매력 있는 도시공간을 이끌어 내고자 하고 있다. 그 성과는 도시계획국이 1982년과 1999년에 조사했던 내방객 교통수단의 변화에 여실히 나타나고 있다(**그림22**). [1982년에는 차량 38%, 도보 35%, 자전거 15%, 전차 11%인데, 1999년에는 차량 32%(6% 감소), 자전거 26%(11% 증가), 보도 22%(13% 감소), 전차 18%(7% 증가).] 이 스마트한 정책의 배경에는 이전 자동차에 지상 도로를 개방하고 보행자용으로는 지하도를 설치했을 때, 지하도 내의 치안 악화를 시작으로 「우리들은 두더지가 아니다.」 라는 슬로건을 내건 주민운동이 있었다. 구시가지의 북측 경계 부근에 지금도 있는 봉쇄된 지하도는 당시의 부정적인 유산을 후세에 전하고 있는 듯하다(**그림23**). 현재도 구시가지 남서쪽에서는 자동차 위법 진입이 간혹 있다고 한다. 또한 본래, 구시가지 내에서는 자전거에서도 내려서 통행하지 않으면

그림24 구시가지 남동부에 있는 구시가지 트랜싯 몰로의 진입구. 사진의 차가 위법인지 아닌지는 불분명. 트랜싯 몰 모두가 잘 되는 것은 아니다.

그림25 구시가지 골목길에 있는 수로와 오픈 카페. 수로가 양호한 카페공간을 연출하고 있다.

그림26 수로를 건너면서 놀고 있는 아이들의 모습이 구시가지를 한층 매력적으로 만들고 있다. 실제로 물을 만지면서 노는 젖먹이 어린아이들도 적지 않다.

안 된다는 것인데, 지키지 않는 사람도 많은 듯하다(그림24). 다만, 이러한 것들이 그다지 커다란 문제가 되고 있지 않기 때문에 특별한 대책은 강구되고 있지 않은 듯하다.

프라이부르크 구시가지의 매력을 높이는 또 하나의 연출은 구시가지 여러 곳에 둘러쳐져 있는 수로이다. 이 수로는 구시가지 성립 초기부터 우수처리나 방화용수로 사용되어 왔던 것으로 복개되었던 시기도 있었지만, 도시 경관의 보호, 유지와 도시 온열대책의 관점에서 원래의 모습으로 되돌린 것이다. 폭 40센티 전후, 깊이 5센티 정도로 빠져도 발끝이 젖어 주위사람들이 웃는 정도이다. 오히려 어린이들은 수로를 건너거나 물놀이에 흥미를 갖게 되고 도로 자체가 사람의 시선이 미치는 안전한 공원으로서 기능하고 있다(그림25,26). 이것도 5개의 축에 의해 형성된 도시공간의 은혜이다.

모노미유산(物見遊山)적인 명소와 명승지 순례관광은 한번 가면 충분하다. 프라이부르크에도 아름다운 첨탑이 있는 것으로 유명한 뮌스터 대성당

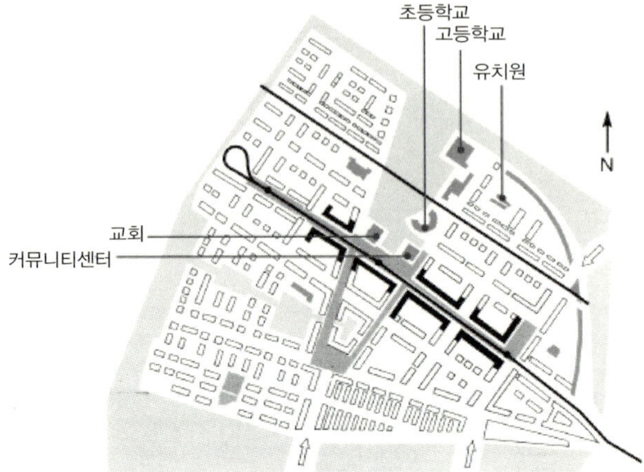

그림27 리제르펠트 단지의 배치도. 단지 중앙을 LRT가 달린다. 단지 서측에는 자연보호구역이 펼쳐져 있다.

을 비롯하여 명소·명승이 없는 것은 아니다. 다만 그와 더불어 여기에 면적(面的)으로 펼쳐진 매력적인 구시가지 공간에는 한번만으로는 충분하지 않은 다시 한번 가보고 싶어지는, 혹은 이주하고 싶다는 기분이 들게 하는 요소들이 들어있는 것이다. 또한, 그러한 요소들이 프라이부르크 시민의 향토애, 지역에 대한 자부심을 키우고 있는 것이다. 프라이부르크는 군웅할거하는 독일의 다른 대도시에 버금가는 마을의 독자성을 여기에 연출했던 것이다.

리제르펠트 단지는 구시가지에서 LRT를 타고 약 4킬로미터(20~30분 정도) 서쪽에 있는 하수처리시설 이전 터를 이용하여 만들어진 환경공생단지이다. 1992년에 설계경기가 발표되어 1994년에는 모델 도시계획지역으로 총 공사비 12억 엔을 들여 기존 LRT 궤도를 1.5킬로미터 연장하여 계획부지 내로 끌어 들였다. 1995년부터는 최종 예측 인구 1만 2,000, 세대 총수 4,500, 예상 취업자수 1,000을 예상한 단지 건설이 시작되어 2006년 9월 현재 총 세대수 50% 건설을 완료하고 있다(**그림27**).

총 개발 용지면적은 320헥타르로 광대한데, 그 가운데 250헥타르는 자연보호구역과 자연학습로로 지정하여 실제 단지 건설면적은 약 70헥타르이다. 단지 안에는 학교시설과 커뮤니티 센터 등은 물론, 참신한 디자인으로

그림28 커뮤니티센터

그림29 커뮤니티센터가 휴관일 임에도 불구하고 창 너머로 리제르펠트 단지에 대해서 설명해 준 스태프

그림30 번화가 옆에 있는 기발한 디자인의 교회. 내부공간도 유니크하다.

그림31 메인스트리트 부근의 주거동. 현재 건설중으로, 2010년에 모든 주거동이 완성될 예정

그림32 저층으로 억제된 차 없는 주거동. 풍요로운 생활환경을 형성하고 있다.

그림33 주거동에 있는 전용정원. 어떤 정원이나 관리가 잘 되어 있어 보기에도 지루하지 않다.

눈길을 끄는 교회까지 있으며, 단지 안에서 일상생활을 충족할 수 있도록 용도가 혼합되어 있다(그림28~30) 이 단지에서는 단지규모나 투자가와의 타협 등의 이유로 보반 단지 만큼 차배제(carless) 정책은 추진하고 있지 않아, LRT가 도로 중앙의 잔디밭 궤도를 달리는 메인스트리트를 따라 형성된 주거동에는 가로를 따라 주차장을 설치하는 등, 통상의 단지와 거의

그림34 보행자 전용도로. 사각을 만들지 않도록 배려되어 있다.

그림35 단지 내에 있는 비오톱 공원

그림36 단지 내 도로 여러 곳에 어린이들이 놀았던 흔적이 남아 있다. 분필로 그려져 있기 때문에 시간이 지나면 지워진다.

달라지지 않았다(그림31). 다만 메인스트리트에서 단지 안쪽으로 들어가 보면 역시 통상의 단지와는 전혀 다른 주거공간이 형성되어 있는 것을 깨닫게 된다. 차 없는 주거동이다(그림32). 저층으로 억제된 주거동 사이의 도로는 자동차 진입금지 표지판으로서 아스팔트와는 다른 마감으로 되어 있다. 각 주거동 주위에는 주차장 대신에 주민 전용정원이 배치되어 주민끼리 정원의 아름다움을 서로 겨루듯이 구색이 맞춰져 있다(그림33). 또한 보행자 전용 커뮤니티 통로를 배치한다거나 통로 옆으로 펼쳐진 오픈 스페이스를 비오톱 공원으로 한다거나, 메인스트리트 주위를 포함하여 완급을 준 동선계획에 의해서 자동차와 보행자의 공존을 도모하고 있다(그림34,35). 이 동선계획에서는 동시에 사각이나 이면도로를 만들지 않도록 하는 등 치안적인 측면에 대해서도 충분히 배려되어 있는 듯하며, 치안 악화의 바로미터인 건물벽면의 스프레이 낙서는 없으며, 노면에는 어린이들이 놀았던 흔적이 귀엽게 남아있다(그림36). 빠른 물류를 가능하게 하는 도로는 여기에서는

문자 그대로 느린(slow) 사람들을 연결하는 도로로서 기능하고 있는 듯하다.[4)]

4) 리젤벨트 단지에 관해서는 다음의 홈페이지가 자세하다.
http://www.reselfeld.freiburg.de/

5.4 광역 교통 네트워크 안의 역사도시

하이델베르크(Heidelberg)

카를스루에 주재의 저널리스트 마츠오 마사오(松尾雅央)와 카이저로에 있는 아시안 레스토랑에서 식사를 함께 했을 때 「시간이 있다면 아무쪼록」 이라고 권하는 바람에 급하게 스케줄을 조정하여 방문했던 것이 「환경수도」 로도 선정된 하이델베르크이다. 하이델베르크는 인구 약 14만으로 제2차 대전의 전화를 피한 드문 도시 중 하나이다. 그로 인해 고성가도를 따라 역사적 색채가 농후한 거리를 지금도 그대로 유지하고 있으며, 일본인들 사이에서도 유명한 하이델베르크 성을 비롯하여 독일 관광의 메카가 되고 있다. 또한 여기에는 독일 최고의 역사를 가진 대학인 하이델베르크 대학이 있어, 학생이 많은 도시이다. 더불어 역사를 거슬러 올라가 보면 독일을 대표하는 많은 예술가가 사랑한 마을이기도 하며, 여기에서 낭만주의를 중심으로 한 예술이 태어났다.

카를스루에 중앙역에서 북동으로 약 50킬로미터 도로를 도시간 특급 IC로 가면 하이델베르크 중앙역에 도착한다. 귀국 후, 카를스루에 노선도를 보고 싶은 카를스루에의 S3라인의 LRT를 이용하면, 체재하고 있던 호텔의 바로 앞 정류소에서 환승 없이 하이델베르크 중앙역까지 갈 수 있다는 것을 알고 다시금 카를스루에의 광역에 걸쳐있는 「종합 승차형 교통 네트워크」 에 감명을 받았다.[5] 하이델베르크 중앙역에서 구시가지 입구에 해당하는 비스마르크 광장까지 약 1.5킬로에는 LRT노선도 있는데 편수는 그다지 많지 않다고 하며, 역 안내소 권고에 따라 역에 인접해 있는 LRT와 버스 공용 터미널에서 저상(低床) 버스를 타고 가기로 했다(**그림37**). 갑자기 내린 비 때문에 지체되었지만, 풍부한 자연이 녹아 있는 쿠아휴르스텐 녹지를 옆으로 보면서 구시가지로 가는 버스는 쾌적했다.

구시가지 입구에 도착하여 우선 놀라운 것이 LRT와 버스의 교통 몰로 이루어져 있는 비스마르크 광장이다. 이 광장 중앙을 LRT가 횡단하여 그 양

5) 다음의 카를스루에 운수연합의 홈페이지가 자세하다.
http://www.kvv.de/kvv/

그림37 하이델베르크 중앙역 옆에 있는 트램과 버스 겸용 터미널. 트램은 광역 노선이기 때문에 그다지 자주 다니지 않는다.

그림38 구시가지 입구에 있는 비스마르크 광장. 광장 중앙에 복선의 LRT가 달리며, 그것을 사이에 두고 버스 상하선이 달린다.

옆에는 상하선의 버스 정류소가 마련되어 있다(**그림38**). 예를 들어 버스용 도로, LRT 궤도와 보행도로, 대합소 등의 사이에는 단차가 없고 광장내의 포장 마무리를 바꾸는 것만으로 그것들을 분리하고 있다. 일본에서는 통칭 「에키코우(驛廣)」라 부르는 역앞 광장은 무수하게 존재하지만, 광장이 역 기능을 가지는, 말하자면 「코우에키(廣驛)」라는 역발상을 한 도시는 전무하다. 여기 비스마르크 광장은 「코우에키」라는 유니크한 하이브리드에 의해 광장과 역 쌍방의 기능적인 특징을 발휘하면서 종래의 광장을 고도 이용하여 구시가지로 향하는 입구라는 것을 드러내고 있는 것이다. 현재, 일본에도 노면 전차를 운행하는 도시가 18곳이 있다. 「코우에키」는 승차 시스템, 안전성 문제 등을 해결하지 않으면 안 되기 때문에 소극적이 되는 경향도 있겠지만, 대단히 어려운 합의 형성과정을 거치더라도 실현할 만한 가치가 있는 묘책이라고 생각한다.

또한 비스마르크 광장에서 LRT를 타면 시내 근교는 물론 북서로 약 20킬로 떨어진 만하임과 라인 강을 넘어가서 루드빅스하펜의 3개 도시까지도 갈 수 있다. 이 교통 네트워크는 하이델베르크 시 교통국(HVV), 만하임 시 교통국(MVV), 루드빅스하펜 시 교통국(VBL), 오바라인스 철도(OEG), 라인 하르트반(RHB)의 다섯 개 사업자를 통합한 라인 넷커 운수연합(VRN)에 의해서 일괄 관리되고 있다. 하이델베르그에서는 HVV가 시내 노선의 4개 라인, OEG가 도시 간을 연결하는 장거리 노선 1개를 담당하고 있으며, 버스

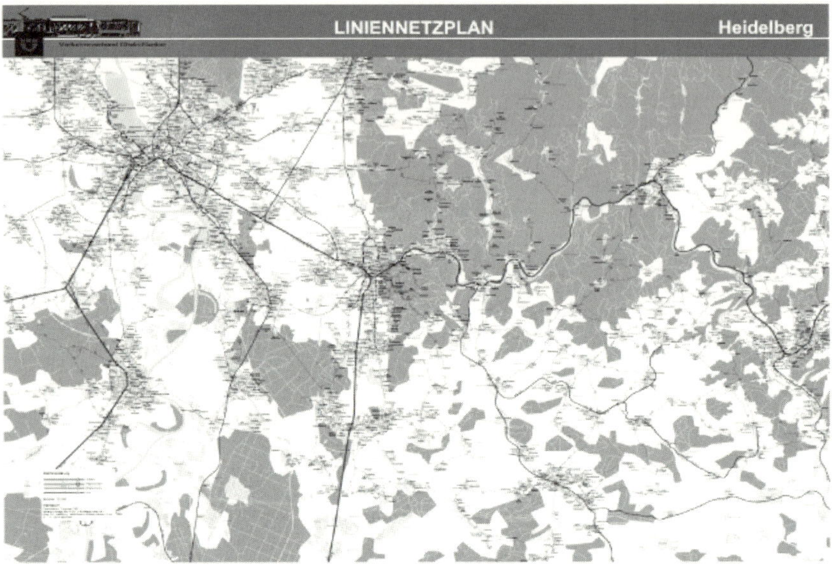

그림39 라인 넷커 운수연합의 홈페이지(http://www.vrn.de/)에서 다운로드할 수 있다.

와 함께 시민의 발로서 이용되고 있다.(**그림39**)[6]

비스마르크 광장에서 구시가지를 동서로 횡단하는 하우프트로(路)에 들어서면 이윽고 구시가지이다. 남쪽으로는 하이델베르크성이 우뚝 서 있는 구릉지, 북쪽으로는 넷카 강이 주위를 흐르는 동서로 좁고 긴 구시가지(약 0.5×1.8킬로)가 있으며, 번화가인 하우프트로는 당연히 구역 대부분이 보행자 전용 도로로 되어 있다(**그림40~43**). 구시가지를 둘러싼 자동차도로에는 마을의 경관을 해치지 않도록 수십 개소의 지하주차장이 설치되어 있으며, 파크 앤드 워크(Park and walk)가 강제되고 있다(**그림44**). 구시가지 내의 관광 명소에는 번호가 배당되어 있으며, 관광객을 위해 산책코스를 소개하고 있다. 물론, 산책코스를 따라서 45개소나 되는 장소 모두를 돌아보는 호기심 많은 사람은 거의 없겠지만, 내방객에 대한 조그마한 배려가 유쾌하다. 적색 벽돌에 의해 붉게 물든 거리를 즐기면서 거리를 걷자 비는 신경쓰이지 않았다. 오히려 비가 내려 붉은 빛이 더욱 짙어진 거리를 내려다보면

6) 라인 넷카 운수연합의 홈페이지.
http://www.vrn.de/

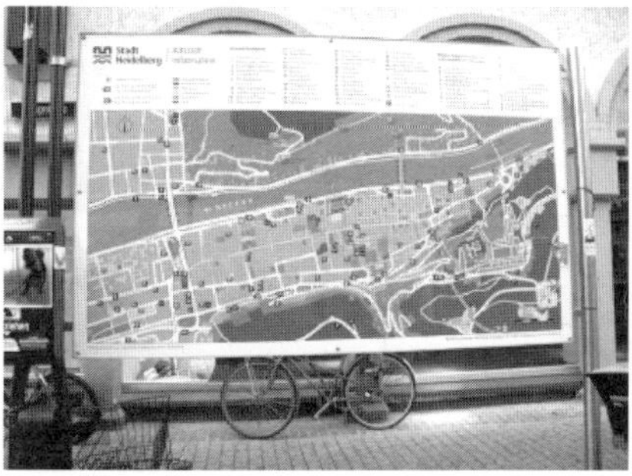

그림40 하이델베르크 구시가지의 지도

그림41 구시가지(하우프트로) 입구. 여기부터 차량 진입은 할 수 없다.

그림42 구시가지의 메인스트리트인 하우프트로. 기본적으로 셋백하고 있지 않은 거리로 여러 곳에 포켓 파크가 마련되어 있다.

그림43 동서로 달리는 하우프트로와 직교하는 길은 좁은 골목길이 많다.

그림44 구시가지 주변에 마련되어 있는 지하주차장.

그림45 구시가지 중앙에 있는 성령교회에서 바라본 하이델베르크성.

그림46
하이델베르크성에서 바라본 구시가지와 넷커 강

서 비와 조화를 이루는 형형색색의 우산들이 자아내는 경관의 마을 만들기도 나쁘지 않다고 생각했으며, 특히 관광 중에는 꺼려하게 되는 비 오는 날에 대해서도 긍정적인 생각을 하게 만드는 마을이었다(그림45,46).[7]

---

7) 하이델베르크에 대해서는 여러 곳에 소개되어 있다. 예를 들면 다음의 보고서가 있다. 마츠다 마사히로(松田雅央), 「환경도시 하이델베르크(上)-네카 강과 환경보전」『日経研月報』, 2005/동「환경도시 하이델베르크(下)-선진국을 지탱하는 방책」『日経研月報』, 2005

06

21세기의 지역 만들기

앞장까지 방문했던 다양한 나라의 사례를 총괄하여 일본의 지역 만들기의 힌트가 될 만한 요점을 정리했다.
또한, 최근 세계정세이 격변에 대응하여 일본의 지역 동향도 크게 변화할 가능성이 있는 것도 시사하고 있다. 앞으로, 지역 재생계획을 책정하는데 있어서 참고해 주기 바라는 바이다.

6.1 슬로우 푸드에서 슬로우 시티로

열락(悅樂)의 철학

북이탈리아의 작은 마을 브라에서 슬로우 푸드 운동을 일으킨 모체는 1974년에 당시 금지되고 있던 민간 라디오국을 게릴라식으로 일으켜 세운 혁신파 지식인 그룹이었다. 그것은 그 후 「알티 고라」라고 하는 미식클럽을 결성하고 그것이 나중의 「슬로우 푸드 협회」로 연결되었다. 지역적인 마을로 혈기 완성한 젊은이들이 재미로 시작한 활동이 순식간에 세계로 퍼진 예는 세계적으로 많지만, 그들에게는 패스트푸드라는 전적으로 환영받고 있지 않은 문화에 대해서 슬로우 푸드라는 절묘한 네이밍으로 반격을 한 유머가 녹아 있던 점을 간과할 수 없다. 이 운동은 고도로 지적이며, 전략적인 정책으로 유지되고 있다는 점이 특징이다[1)]

그 후 그들은 이탈리아 최대의 수퍼 체인 「이탈리아 생협(生協)」과 제휴하여 매장에 슬로우 푸드 코너를 마련한다거나, 혹은 많은 스폰서를 모집하여 밀라노에서 성대한 음식 제전 「살로네 델 구스토」를 개최하고, 또한 대학 법인까지 세우는 등 주도면밀함을 보이고 있다. 그러나 그 밑바탕에 있는 것은 말하자면 생활의 미학일 것이다. 「맛있게, 아름답게, 바르게 하지 않으면 하지 않는다.」는 정신이다. 그들의 간행물은 매우 센스가 있으며 홈페이지도 아름답다. 시설도 디자인이 뛰어나 방문하는 사람들을 감격시킨다. 자칫 잘못하면 부르주아의 유희가 될지도 모르는 찰나에 사치와 진솔함의 사이라는 스탠스가 탈공업시대의 세계에 어필했던 최대의 요인일 것이다.

슬로우 푸드 협회는 NPO로서 세계적으로 100개 국가, 8만 회원을 거느리고 있는 대조직으로 성장했는데, 그 한편으로는 해물음식 진흥을 목표로 하는 「슬로우 피쉬」나 지역 재생을 목표로 하는 「슬로우 시티」 등 파생적인 활동도 배출해왔다. 그러나 이 운동의 진정한 의의는 오히려 20세기 전반에 걸쳐서 지배적이었던 대량생산 · 대량소비를 목표로 한 효율 지상

1) 시마무라 나츠(島村菜津) 저, 『슬로우 푸드한 인생–이탈리아의 식탁으로부터 시작되다』 新潮社, 2000

주의에 대해서 이것이 진실로 인류에게 행복을 가져다줄 것이라는데 이의를 제기했던 점에 있다. 필자는 약 10년 전에 나폴리 대학에서 이탈리아 각지에서 모인 학자들과 함께 1주일간 연구집회에 참여했는데, 그 때 그들의 논의 주제가 시종일관 너무나도 형이상학적이어서 난처했던 경험이 있다. 그러나 이번에 슬로우 시티 조사차 방문했던 각 자치단체의 의원이나 직원과 이야기를 나누고, 그들의 철학적 사변성(思弁性)이 결국 현재의 융성을 가져온 것이라고 통감했다. 21세기에 들어서 경제의 세계에서도 경제학의 원점을 재고하는 논의가 활기를 띠고 있는데, 기업이 윤리성으로부터 시작되어 사회적 공평성 등에 관해 아담 스미스부터 다시 읽어보려고 하는 기운 등은 버블 무렵에는 예견조차 못했던 것이었다고 생각하면 격세지감이 느껴진다. 그러나 의논을 좋아하는 이탈리아인은 이러한 문제를 철저하게 파헤쳐 전략을 정한다. 의논이 서투른 우리들은 이내 성급하게 결과를 요구하기 때문에 나중에 후회하는 것이 많은 것인데, 지역 재생과 같은 문제에는 특히 다면적이고 근원적인 의논을 충분히 하여 대응해야 할 것이다.

슬로우 시티에서는「주민은 행복한 삶을 영위하고 있는가」라는 것이 시책의 원점이다.「인간은 행복한 시민이 살고 있는 마을을 방문하고 싶어할 것이다.」라는 것이 관광의 원점이라고 하기도 한다. 이탈리아인은 예전부터 점심 휴식시간을 2시간 정도 잡고 충분히 점심식사를 즐긴 후 일터로 되돌아가는 습관이 있었다. 그러나 20세기말에는 세계적인 경쟁 속에서 살아남기 위해서라는 명목 하에 이 시간도 짧아졌으며, 국민 총수입에 대한 식비의 비율은 1970년 40%에서 2005년 16%에 이르기까지 감소하고 있다. 한편, 외식비는 6%에서 10%로 증가하고 있는 것으로 볼 때, 예전부터 자택에서 여유롭게 즐기던 점심식사가 패스트푸드화 되고 있다는 실태를 여실히 보여주는 수치라고 할 수 있다. 이런 이유로 슬로우 푸드 운동에서는 어린이들이 바른 식생활 습관으로 되돌아갈 수 있도록 하기 위해, 지역의 식재류를 사용한 음식교육을 하는 것을 중요 시항으로 정하고 있다. 앞에서도 언급한 바와 같이, 맛있고, 아름답고, 바른(환경 친화적인) 생활을 주민이 영유하는 마을을 목표로 하는 것이 우리에게 있어서 중요할 것이다. 그 결과 브라의 마을 실업률은 전국 평균의 절반으로 감소했다고 한다.

한편 현재, 슬로우 시티는 10개국, 100여 개 도시 이상을 이끄는 네트워크를 형성하고 있는데, 정식으로 슬로우 시티를 표방하기 위해서는 슬로우 시티 협회의 인증을 얻지 않으면 안 된다. 그렇기 때문에 환경정책, 사회자본정책, 도시생활의 질, 지역생산물의 활용, 호스피탈리티, 슬로우 시티 의식 향상 등 6개 분야에 대해서 합계 55개의 인증 항목을 제정하고 있다(표1, 그림1). 더불어 인증을 얻은 후에도 3년마다 체크를 받지 않으면 안 된다. 슬로우 푸드 협회도 슬로우 푸드 인정 제도를 채택하고 있으며, 참가 희망자로부터 받은 인정료나 인증비도 운동의 주요한 재원이 되고 있다. 영속적인 운동을 원한다면 이와 같은 재원 확보 시스템도 필요할 것이다.

또한, 이들 운동이 각소에 지부를 만들고, 네트워크를 구성하여 그 망을 넓혀 간다는 전략도 교묘하다. 지금까지 매몰되어 있던 소멸 직전의 것, 약한 것, 작은 것을 끌어 올리고자 하는 것이 운동의 원점인 이상, 허약한 것을 살려내는 네트워크 구축이 가장 적합한 전략이라는 점에 대해서는 다음 장에서 자세히 설명하겠지만, 이것이 이탈리아에서는 중소기업 육성 등을 위해 제2차 대전 이전부터 인식되고 있던 것에 주목하고 싶다. 슬로우 푸드 협회 국제 이사인 쟈코모 모요리는 자신들의 활동이 네트워크에 입각하고 있음을 인정하면서도 그것이 범용인 것들의 모임, 즉 조합의 무리로 이루어진 것이 아니라, 특색 있는 것의 집합, 바꾸어 말하자면 「차이의 네트워크」라는 것을 목표로 한다고 한다. 또한 그는 「미완성의 미학」이라는 것도 주장하고 있으며, 모든 것이 완벽하지는 않지만 가치를 평가해야 한다고 주장하고 있다. 이것은 미래에 대한 가능성을 기대하는 태도로 무조건 확립된 성공사례만 찾으려고 하는 경향이 있는 우리에 대한 경고이기도 하다.

표1 슬로우 시티에 요구되는 55지표

구분	번호	지표
① 환경정책	1	대기의 질 향상과 대기상태의 통지에 대해서 컨트롤하는 시스템이 있다
	2	수질과 물의 배송에 대한 규범이 있다.
	3	퇴비 생산 일반, 또는 가정에서의 퇴비 생산에 대한 새로운 기술을 프로모트하여 보급시키기 위한 계획이 있거나, 실시되고 있다.
	4	공해에 대해서 컨트롤 하는 시스템이나 개입할 계획이 있다.
	5	대체 에너지 조성제도가 있다.
	6	전자파공해에 대한 대책이 실행되고 있다.
	7	소음을 관리하는 시스템이 있으며, 대책이 샐행되고 있다.
	8	미관을 해치는 간판 등의 철거대책이 있다.
	9	EMAS, ISO9001, ISO14000, SA8000을 도입하고 있다.
	10	아젠다 21에 참여하고 있다.
② 사회자본정책	1	정비된 녹지가 있다
	2	건물에 의한 장애가 없는 보도가 있다.
	3	신체장애인의 액세스, 이용 가능한 공공기관이 있다.
	4	대체교통기관의 이용을 촉진하는 설비가 있다.
	5	자유로이 이용할 수 있는 공중 화장실이 있다.
	6	중앙 · 시외에 한정되지 않은 주차장이 있다.
	7	시청사의 각 오피스 영업시간이 통일되어 있다.
	8	퍼브릭릴레이션(PR) 오피스를 가지고 있다.
	9	시민이 보다 편리하게 생활하기 위한 콜센터를 개설하고 있다.
	10	시민의 필요에 따른 상점 영업시간을 설정하는 계획이 있다.
③ 도시생활의 퀄리티	1	역사적 미관지구, 문화적 · 역사적 가치를 가진 작품을 원래 상태로 보존하기 위한 수복 프로그램이 있다.
	2	적절한 치안유지 프로그램이 지켜지면서, 소음에 의한 방범장치의 철폐계획이 있거나, 혹은 실시되고 있다.
	3	공공시설에서의 리사이클 가능한 식기류의 사용을 권장하고 있다.
	4	쓰레기 수집용기의 적절한 배치와 정해진 시간에 회수작업이 이루어지고 있다.
	5	공공의 또는 개인의 공간에 향기 좋고 환경에도 좋은 식물을 심는 것을 권장하고 있다.
	6	마을 단위의 인터넷을 이용한 네트워크가 존재, 혹은 이용되고 있다.
	7	친환경 재료로 만들어진 건축물이 권장되고 있다.
	8	역사미관지구의 위상을 상승시키는 노력을 하고, 그곳까지의 교통을 좋게 만들고 있다.
④ 지역생산물 (권장계획)	1	모든 종류의 특징적인 생산물의 연간조사
	2	지역문화 이벤트를 평가하여 보존하는 프로그램
	3	효과적인 입지에 개설한 마켓을 통한 지역의 자연 생산물의 프로모션
	4	음식교육 프로그램
	5	마을의 레스토랑과 학교식당의 질을 향상시키기 위한 법률에 따른 관리

구분	번호	내용
의 활용	6	유기농법에 대한 관심을 높이기 위한 교육
	7	프레지디오(지역 특유의 식품 보호)
	8	유기농법의 발전을 촉진하는 계획과 고품질 생산물에 대한 인증제도
	9	전통식의 재발견 계획
	10	그 지역의 수공예품과 그 제품을 보호하기 위한 이니시어티브
⑤ 호스피탈리티 (권장계획)	1	공공의 장소에서의 광고, 간판 등이 공정한 것인지 여부를 감독하는 기관
	2	국제적인 규격의 표지 정비
	3	관광안내소에서의 지도 프로그램
	4	표지와 (구두)설명에 의한 관광 포인트 설명
	5	「슬로우한」 가이드를 목표로 한 팸플릿
	6	투어리스트 · 메뉴 가격에 대한 규칙
	7	마을 중앙 근처에 관리인이 있는 주차장 설치
	8	이벤트가 있을 때에 접근성을 좋게 하기 위한 계획
	9	슬로우 시티의 목적을 달성하기 위한 계획
슬로우 시티 의식향상 (권장계획)	1	슬로우 시티의 각 서비스의 리스트업 마련
	2	마을의 서류(레터헤드 등)에 슬로우 시티의 로고마크를 넣는다.
	3	이 운동이 널리 퍼지게 하기 위한 프로그램을 준비한다.
	4	마을마다 슬로우 시티 사이트를 만든다.
	5	가정생활을 원활히 하기 위한 프로모션 활동(레크리에이션 · 가정에서의 고령자 서비스)을 한다.
	6	슬로우 시티 계획을 진행해 가기 위한 경제 프로그램을 작성한다.
	7	슬로우 시티에 관한 정보는 시내 미디어뿐만 아니라 내셔널 레벨에까지 미치는 것이 바람직하다
	8	오피니언 리더들과의 협조와 지역 기업과의 제휴에 의해 슬로우 시티의 조건을 충족시켜 간다.

그림1 슬로우 푸드(좌)와 슬로우 시티(우)의 로고마크

6.2 음식 · 경관 · 문화
지역 자원의 활용법

우리가 관광여행을 할 때에 원하는 것은 경관이 좋은 곳에 가서 좋은 것을 먹고, 아름다운 것을 보고 듣는 것 등일 것이다. 그러나 일본의 현 상황은 그 모든 것을 만족시키고 있다고는 할 수 없다.

예를 들면, 식문화적인 측면에서 말하자면 유통 발달로 시장에 내놓지 않게 된 것은 배제하고 있기 때문에, 지역에서도 먹는 것이 어려울 뿐만 아니라, 지역사람들 자신이 그 존재조차 알지 못하게 되어 버리는 예도 많다. 그리고 요리의 종류도 획일적이고 앞으로 해외에서의 방문이 기대되는 고객의 요구에 반드시 맞다고는 할 수 없는 것이 많다. 지역 특선 요리를 요구하는 사람도 있을지 모르지만, 최근 급격히 증가한 중국이나 한국 또는 오스트레일리아 사람들이 좋아하는 요리법도 도입하여야 할 것이다. 지역의 식재료를 사용하여 각종 요리법을 개발하는 것도 앞으로 중요한 과제라 생각한다.

일본 관광지의 경관이 참담한 양상을 보이고 있는 것은 그 자원이 열악하기 때문이 아니다. 그 주변을 포함한 인공적인 구축물이 수려한 경관을 파괴하고 있는 것이다. 가장 좋지 않은 것이 전신주와 철탑, 가드레일과 표지 등의 기반설비이며, 이것은 거의 일본에서만 볼 수 있는 추악함을 연출하고 있다고 해도 과언이 아닐 것이다. 물론, 정리되지 않은 거리, 현란한 간판 등도 매우 좋지 않은 평가를 받고 있지만, 국토의 기반을 이루는 인프라에 대한 최저한의 미의식이 결여되어 있다는 것이 안타깝다.

또한, 우리가 전원에 기대하는「한가로운 경관」이 어디를 가도 보이지 않게 되었다는 것도 실망스럽다. 포장정비나 구획정리 등의 공공사업은 굴곡진 적당한 스케일 감을 유지하고 있던 역사적 경관을 모두 파괴해 버려 전국이 일률적이고 개성 없는 경관으로 바뀌어 버렸다. 그리고 거기에 세운 건물은 모두가 저렴한 공업제품으로 조립된 기성물로 일찍이 취락에 보였던 독특한 풍정은 볼 수 없다.

이에 대해서 이러한 인공물을 포함한 경관의 중요성을 인식한「문화적 경관」이라는 개념이 이윽고 법적으로도 인지되어 저수지나 산중, 계단식 밭과 같은 것이 문화재로서 보호대상으로 인정받게 된 것은 기쁜 일이다. 영국인은 일찍이 큰 여행이나 풍경화를 통해서 이탈리아의 경관을 영국의 전원에 도입하고자 했었는데, 현재도 많은 영국인이 이탈리아 농촌으로 이주한다거나 하는 것은 그 무렵부터 시작된 전통이라고도 할 수 있을 것이다. 주의 깊게 유지된 전통적 경관은 귀중한 재산임을 인식해야 할 것이다. 눈앞의 편리성을 요구하는 것뿐만 아니라, 거기에 아름다움이라는 관념을 가미하기를 바라는 것이다.

우리가 방문했던 유럽의 여러 도시들은 지역의 대학이나 전문학교를 중요한 지역 자원으로서 활용하고 있었다. 예를 들면, 슬로우 시티 중 하나인 오르비에토(Orvieto)에는 시립 연구센터가 중심부에 있으며, 역사적 건물에 최신 설비를 갖추고 로마나 페르시아 혹은 외국 대학의 교육과정을 유치하고 있다. 그에 따라서 학생들은 마을에서 하숙을 하면서 주민들과 교류할 기회를 자연스럽게 갖게 된다. 또한 여기에는 이탈리아어 학교를 비롯하여 각종 학교가 있기 때문에 항상 젊은 사람들이 많다. 더불어 여기에서 여름에 펼쳐지는 재즈 페스티벌에는 세계에서 뮤지션이나 팬이 모여들어 대단한 성황을 이룬다고 한다.

사회 시스템의 변혁속도가 빨라 많은 나라에서는 교육과 현실의 요구 사이에 괴리가 발생하고 있다. 그래서 사회인 교육의 중요성이 부상하고 있는 것인데, 그것 또한 많은 지방도시나 커뮤니티에게 있어서 비즈니스 찬스를 낳고 있다. 영국 제2의 도시 버밍엄의 쥬얼리쿼터라는 전통 공예가 마을에 있는 보석장식학교는 세계적으로 학생들이 모여들어 이 지구 재생의 중심이 되고 있으며, 인접한 마을 올바햅톤의 공동화 된 중심시가지에서는 빈 빌딩에 성인대학을 개설하여 교외에 도피하고 있던 사람들을 마을로 불러들이는 효과를 얻고 있다.

핀란드의 몰락한 지방도시 칼킬라에서는 세계적으로 알려진 영화감독 아키 카우리스마키가 제철소의 사택을 이용하여 예술가들의 아틀리에로 전용, 여름에 페스티벌을 열어 마을을 활성화시키고 있다. 한편, 미야자키현(宮崎縣)의 노베오카시(延岡市), 카고시마현(鹿兒島縣)의 키리시마시(霧島

市) 등은 스포츠 그라운드를 정비하여 합숙을 위해 다양한 세대의 팀이 각지에서 찾아오고 있다. 이와 같이, 다양한 문화가 중요한 지역 재생의 중심이 되는 것을 일본에서는 아직 충분히 인식하고 있다고는 할 수 없다. 한때 「크리에이티브 시티」라는 것이 대두되어 제노바의 예가 소개된다거나, 일본에서는 요코하마 시에서 심포지엄 등이 열리기도 했는데, 그 후 전국적으로 전개되는 분위기가 만들어진 것은 기쁘기 그지없는 일이었다.

6.3 식량을 둘러싼 환경의 격변

가업에서 비즈니스로

「바이오 에탄올」의 출현은 세계 식료 사정을 크게 바꿔 놓은 사태이다. 2006년, 시카고의 옥수수 시장에서 사료보다도 에탄올 원료로서 파는 것이 유리해지면서부터, 관련된 축산은 물론 가공식품에 이르기까지 가격이 폭등하는 사태를 예견할 수 있었다. 사탕수수, 대두 혹은 유채 씨 등으로도 파급되는 것은 피할 수 없었다. 옥수수는 연작 장애를 피하기 위해 대두와 교대로 재배하는 경우가 많다고 하는데, 양자 모두 바이오 에탄올의 원료가 되면서부터 문제는 커졌다. 이들 작물의 농지는 전 세계에서 포화상태가 되어 이 이상 개간할 여지는 아마존 유역 정도밖에 찾을 수 없었다. 그러나 이 세계 최대 열대우림의 소멸은 지구환경에 막대한 위협이 될 것이 분명하다. 일본에서는 현재 감반(減反 : 생산조정)정책이 채택되어 애써 정비된 논이 방치되고 있는데, 여기에는 에탄올 수확량이 많은 품종의 쌀을 경작하면 유사시에 식량으로도 사용할 수 있어 일거양득이다. 논이 유전으로 전환되었다고 표현하는 사람도 있다.

그것과는 별개로 지구상에서는 인구 증대의 압력이 높은 것은 당연한 사실이며, 금세기 중에 90억 명을 돌파할 것이라 예상되는 인류에게 식량을 공급해야 하는 사태에 이르게 될 것이다. 지금의 50%가 증가하는 것이다. 제2차 대전 이후 인구는 약 3배 가까이 증가했는데, 이 위기는 농지의 개척, 화학비료, 관개(灌漑), 품종개량 등의 기술에 의해 극복해 왔다. 예를 들면, 벼나 밀은 잡초로부터 이겨내기 위해 줄기가 긴 것이 대세였던 것이 제초제를 사용하게 되면서 줄기가 짧은 품종이 개발되어 영양분이 줄기로 빼앗기지 않게 되자 생산량이 아주 획기적으로 증가했던 것이다.[2] 그러나 이것도 한계에 도달하고 있으며, 지금까지 선진 각국이 70% 가까운 보조금을 지급하면서까지 가격 안정을 도모해 왔던 농산물도 국제 가격의 폭등에 의해 보조금도 폐지되는 시대가 곧 도래할 것이다.[3][4]

2) 레스터 브라운 저, 후쿠오카 카츠야(福岡克也) 번역감수, 『푸드 시큐리티 – 누가 세계를 먹여 살리는가?』 월드워치 재팬, 2005

3) OECD 편저, 쇼우겐지 신이치(生源寺眞一) · 나카시마 야스히로(中嶋康博) 번역감수, 『도표로

생활수준의 상승은 식량 수요를 곡류에서 육류로 전환시킨다. 육류는 곡물이 모습을 바꾼 것이라고 할 수 있는데, 칼로리당 곡물 소비량은 비교가 되지 않을 만큼 높다. 앞서 언급한 바와 같이, 사료 가격 폭등을 생각하면, 현재 저가의 수입 식육도 결국에는 폭등할 운명에 있을 것이다.[5)6)] 어류도 같은 상황에 처해 있다. BSE 유행에 대한 두려움으로 인해 세계적으로 어류 소비가 확대되었으며, 참치 가격 폭등이 계속되고 있는 사태는 널리 알려져 있다. 또한, 13억 명의 인구를 이끌고 있는 중국은 세계 어획량의 3분의 1을 소비하고 있으며, 현재 그 대부분은 양식된 담수어인데, 국내 물류망의 정비에 의해 해수어를 먹는 습관이 내륙부로 파급되면(담수어에 비해 해수어가 훨씬 맛있다) 그 소비량은 팽창하여 해양자원 획득을 위한 경쟁은 대단히 심각해질 것이다. 따라서 앞으로의 수산자원은 양식에 의존하게 될 것인데, 일본의 양식장 대부분을 차지하는 해상시설은 먹이 공급 과잉이나 물고기 배설물 등에 의해서 해양 오염을 초래하고 있으며, 앞으로는 육상시설이 주류를 이룰지도 모른다.[7)]

일본의 식량 자급률은 칼로리를 기준으로 40%, 생산액을 기준으로 70%라고 한다. 게다가 일본의 농업인구는 20년마다 반감을 계속하여 현재는 400만 명에 지나지 않는데다가 고령화도 진행되고 있다. 상기의 사태만 보더라도 이대로 두고 보고만 있다가는 위험하다. 그러나 자급률의 두 가지 수치에는 조작이 있다. 일본의 농업은 이미 곡류와 같이 비교적 가격이 싸고 칼로리가 높은 식료 생산을 줄이고 야채나 과일 등 부가가치가 높은 작물로 전환해 온 것이다. 평소에는 이 전략이 정답이겠지만, 유사시에 대비하는 것이 자위이다.[8)] 이것이 일본 국토의 70%를 차지하는 산간지대의 유

본 OECD 제국의 농업정책, 2004년판』 明石書店, 2005

4) 농림수산성, 『식량 농업 · 농촌백서, 2000년판–'공격적 농정'의 실현을 향한 개혁의 가속화』 농림통계협회, 2006.

5) OECD 편저, 오오시마 나오코(大島直子) 번역, 『식량의 미래–90억 시대의 농업작물수급』 中央経済社, 2002

6) 이토우 모토시게(伊藤元重) 저, 『일본의 식량문제를 생각한 [illegible] 정치경제학』 NTT出版, [illegible]

7) 水産庁 『수산백서 2006년판』, 농림통계협회, 2006

8) 오오츠카 시게루(大塚茂) 저, 『아시아를 노리는 포식 일본–식료수입대국의 무대 뒤편』 家の光協会, 2005

지 관리가 중요한 이유이다. 이 지역의 삼림이나 초원은 말할 것도 없이 탄산가스가 고체화 된 바이오 매스 연료의 보고가 됨과 동시에 탄산가스 배출권 비즈니스 상품도 된다. 일찍이 빈촌이었던 지역이 오일 머니로 윤택해진 산유국과 같이 풍부해질 가능성이 생긴 것이다. 현재, 취농 희망자는 계속적으로 증가하고 있기 때문에 그들이 이 지역에 정주할 수 있도록 시스템을 정비하는 것이 중요하다.[9)]

아마미(奄美)나 오키나와(琉球)와 같은 외딴섬의 주 산업은 사탕수수였다. 그러나 사탕수수의 세계적 과잉생산에 의한 가격 폭락으로 오랫동안 경제는 회복되지 못했다. 그러나 요즘의 상태를 바탕으로 바이오 에탄올로의 전환을 도모함으로써 새로운 전개를 모색할 수 있게 되었다. 또한 럼주와 같은 흑당(사탕수수 운액) 소주의 유행도 아마미 군도에 있어서는 호재가 되었다. 감귤류도 국제 가격 폭락으로 고전을 면치 못하고 있지만 다시 각광 받을 날이 머지않았을 것이다.

거시적인 트랜드에서는 인구 증대에 의한 세계적인 식량 수급의 압박이 예견되는 가운데 현재 격차 때문에 고민하고 있는 지역이 부활할 날은 머지않았다고 생각한다. 일찍이 그와 같은 시대가 있었는데 나 스스로 배고픔으로 힘들어하던 날들을 괴롭지만 떠올리게 된다. 그것은 태평양 전쟁 패전 후 아주 어린 시절의 기억이다. 도회에 살고 있던 우리들은 부모가 얼마 안 되는 옷가지 등을 가지고 시골로 가서, 그것과 교환하여 가지고 돌아온 식량으로 배급식량의 부족을 충당했던 것이다. 위정자들은 이러한 교훈을 가슴 깊이 새겨 두길 바란다. 유럽인도 이러한 기억을 공유하고 있을 것이며, 그렇기 때문에 식량 자급률을 높이고자 부단한 노력을 기울이고 있는 것이다.

한편, 국제적으로 식량자원을 제어하고 있는 소위 「어그리 비즈니스」 등의 동향에 대한 주시도 빼놓을 수 없다.[10)] 지금까지 비즈니스 대상으로서는 취급되지 않았던 제1차 산업은 오늘날 가장 뜨거운 마켓으로 취급되고 있다. 국내에서도 각종 융자기관이나 투자 펀드가 이 분야에 주목을 하고 있는 것이다. 송아지를 담보로 융자를 받아 성숙한 소가 되면서부터 얻

9) 林野庁, 『삼림 · 임업백서 2006년판』 일본삼림협회, 2006

10) 오오츠카 시게루(大塚茂) · 마츠바라 토요히코(松原豊彦) 편, 『현대의 음식과 아그리비즈니스』 有斐閣, 2004

어지는 이익으로 상환하는 시스템 등은 이미 융자기관끼리 서로 경쟁할 정도로 인기가 있다. 전력회사 등에서는 전통적으로 배출열을 이용한 양식업에 대한 참여를 볼 수 있었는데, 육상 양식 분야에도 관심을 보이고 있다. 바이오 매스 사업에 대해서는 2006년 3월에 국가의 「바이오 매스 닛뽄 종합전략」이 내각에서 결정되었다.[11)12)]

또한 앞서 언급한 바와 같이 신규로 농업을 시작하고 싶은 희망자는 많은데, 그 가운데 농업을 순수한 비즈니스로 취급하여 성공한 원래 외자계 IT기업의 영업맨, 미야자키 현 아야초 스기야마 츠네마사의 예는 유명하다. 그는 지금까지의 농가가 그 노동력의 100%를 생산에 투여하고 있던 것에 대해, 40%를 경영관리로, 40%를 마케팅으로, 나머지 20%를 생산으로 돌림으로써 주휴 4일의 생활을 확보했다.[13)] 이와 같이 농업을 비즈니스로서 가르치는 대학이 한국에도 생겼으며, 거기 졸업생 중에도 성공한 사례가 벌써 나왔다고 한다.[14)] 발상의 전환에 의해 중간 산간지에서도 기업의 찬스는 충분히 발견되는 것이다.

그런데 어반빌리지의 컨셉을 제창하여 영국의 마을 만들기에 커다란 임팩트를 주었던 찰스 황태자는 식품 분야에도 유기농업을 주창하여 자신의 영지에 있는 농장을 유기화 함과 동시에, 1990년대 초반부터는 그곳의 생산물을 사용하여 식품가공에 진출, 「더치 오리지널즈」라는 브랜드명으로 비스켓을 비롯하여 각종 식품을 세계적으로 판매하고 있다. 그 이익은 황태자가 제창한 유기농업 보급을 위한 활동자금으로 사용되고 있다고 하는데, 연간 24억엔 이상에 달한다고 한다. 영국에서는 황태자까지도 농업 비즈니스에 참여하고 있는 것이 흥미롭다. 그러고 보니, 우리들이 조사차 방문했던 황태자에 의한 마을 만들기 현장인 파운드 밸리의 현지 사무소에서 나온 왕가의 문장이 들어간 비스켓이 바로 그것이었던 것이다.[15)]

11) 야마기시 키유타카(山岸清隆) 저 『삼림환경의 경제학』 新日本出版社, 2001
12) M. B 젠킨스 외 저, 오오타 이쿠오(大田伊久雄) 외 번역, 『삼림비즈니스혁명–환경인증으로 열어가는 지속가능한 미래』 築地書館, 2002
13) 스기야마 츠네마사(杉山経昌) 저 『농사로 사업을 일으킨다. – 탈샐러리맨 농업의 추천』 築地書館, 2005
14) 『朝日新聞』 2007. 5. 1. 조간
15) http//www.duchyoriginals.com

6.4 도시와 전원의 연계

그린 투어리즘(Green tourism) / 아그리투리즈모(agriturismo)/ 페스카투리즈모

사토 마코토(佐藤誠) 구마모토(熊本) 대학 교수에 따르면 농촌 진흥의 핵심으로서 일본이 추진하고 있는 그린 투어리즘이라는 용어는 투어리즘이 상업적인 뉘앙스를 갖고 있기 때문에 구미에서는「그린 홀리데이」라고 바꾸어 부르고 있다고 한다.[16] 19세기 후반, 산업의 도시집중에 의해 도시가 과밀화됨과 동시에 전원지대에 대한 동경이 높아져 이윽고 리조트가 개발되어 투어리즘이라는 단어가 정착되었다. 게다가 시대가 지나 20세기 후반에 들어서자 투어리즘은 대중화되어 대규모 리조트 개발 등이 세계적으로 진행되었다. 그러나 버블 붕괴와 함께 오히려 개인의 관심이나 기호에 맞춘 지극히 세심한 서비스를 제공하는 투어리즘이 호평을 받게 되었다. 또한 경제의 세계화에 따라서 피폐해지기 시작한 선진국의 전원지대에서는 정부의 원조를 받으면서 농가 숙박을 중심으로 도시 주민과의 교류와 현금 수입 증대를 도모하는 체계가 도입되어, 영국에서는 그린 투어리즘 혹은 루랄 투어리즘, 프랑스에서는 투어리즘 벨르라 부르게 되었다. 얼마 전의 통계에 따르면 프랑스의 업계 단체「지트 드 프랑스」에 가맹하고 있는 농가는 5만 2,000세대라고 한다. 다른 여러 나라는 이만큼은 아니지만, EU에서도 미국에서도 투어리즘의 전원 지향을 20세기 말경부터 박차를 가하고 있다.

앞에서 언급한 이탈리아의 아그리투리즈모는 이와 같은 여러 나라들에 비해서 후발이었지만 몇 가지 특징이 있는 듯하다. 그중 한 가지는 그 경영자는 반드시 농업 종사자에 한정되어 있는 것은 아니라는 점이다. 이탈리아에서는 농가에 양조권과 도살권이 주어져 있다고 하는데, 그에 따라서 자신의 농원의 포도로 와인을 만든다거나 올리브 오일을 짠다거나 잼과 햄, 베이컨을 만드는 것이 가능하다. 또한 그것을 아그리투리즈모의 식사로서 제공한다거나 혹은 직판이나 인터넷 판매를 할 수 있다. 이것이 상당

16) 사토 마코토(佐藤誠) 저,『그린홀리데이의 시대』岩波書店, 2002

한 수입원이 되어 일종의 기업체를 형성하는 것이다. 이와 같은 매니지먼트에 대해서는 도시에 사는 실업가가 전문인 분야인데, 예를 들면, 우리가 체재한 이탈리아 토스카나 지방의 아그리투리즈모「브리케라」의 경영자인 미야가와 히데유키에 대해서는 이미 언급한바 있지만, 그도 현지 전문가 부자를 고용하여 고품질의 유기 와인을 만드는 노력을 거듭하고 있다. 그리고 여기에서 채취된 과일로 만들어진 잼은 아침 식사로 나오며 원하는 사람들은 사갈 수도 있었다.

진나이 히데노부(陣內秀信)에 따르면 개성적인 아그리투리즈모나 칸티나라 부르는 와인 양조장의 오너로는 건축가나 변호사 등이 많다고 하는데, 필자는 여기에 아그리투리즈모 융성의 비밀이 있다고 느꼈다. 전원에 있는 사람들은 거기에 있는 자원에 지나치게 익숙하여 그 매력을 자각하지 못한다. 그렇기 때문에 쉽게 매력의 핵심인 향토의 문화적 경관을 파괴하여 되돌릴 수 없는 상태로 치닫게 되어 버리기도 하는 것이다. 이에 대해서 외부, 특히 도시에서 온 사람들은 이 귀중한 매력을 최대한으로 활용하고자 애쓴다. 주요 고객인 도회인이나 외국인의 기호를 충분히 파악한 후 그것에 대응하는 서비스를 제공하는 것이 경영이라는 것이다. 유명 브랜드인「페라가모」는 그 일가의 손으로 거의 폐촌과 같았던 피렌체 교외의 마을을 아그리투리즈모를 도입함으로써 세계 유명인들을 불러 모으고 있다.

또한, 슬로우 푸드 협회 부회장을 역임했으며 권위 있는 와인 품질평가 연감『비니디탈리아』의 편집에 관여하고 있는 쟈코모 모요리는「와인의 매력이란 것은 글라스 안뿐만 아니라, 그 밖에 부는 바람이나 주위 경관을 느낄 수 있도록 하지 않으면 안 된다」고 말하고 있다. 즉, 와인에 전설이라는 부가가치를 부여하는 것이 중요한 것이다. 이것을 찾아내는 것이 전원을 동경하는 도시인이다. 필자는 농가 스스로의 노력을 부정하지 않지만, 앞으로 일본에 그린 투어리즘을 뿌리내리기 위해서는 역시 이와 같은 기획 시스템이 불가결하다고 생각한다. 원점은「열락(悅樂)」이라는 단어에 있다는 것을 잊어서는 안 된다. 이것은 슬로우 푸드 운동이 원래 미식 클럽에서 발족된 사실로 보더라도 결코 지역쇠퇴대책의 국가사업은 아닌 것이다.

프리케라에 체재 중, 지역 와인 양조가들의 테이스팅 모임에 동석했었다. 그들은 가족을 데리고 저녁 무렵에 모여 다양한 포도로 만든 와인을 마시고 비교하면서 마지막에는 지역의 주부 요리사 라우라 여사의 향토요리로 대연회를 벌이고 있었다. 미야가와는 지역 양조가 협회의 회장으로서 그들과 협력하여 이 지방의 와인 수준을 높여 브랜드 이미지를 상승시키는 것을 목표로 하고 있다. 도시에서 온 실업가가 그 노하우를 제공하며 지역을 위해 노력하고 있는 것에 감명을 받았다. 또한, 그것을 받아들인 지역사람들의 겸허함에도 감동했다.

농촌 대신에 어촌에서 시도되고 있는 것이「페스카투리즈모」로 그린 투어리즘과 비교하여 블루 투어리즘이라고도 부른다. 앞에서 언급했던 진나이 히데노부(陣內秀信)는 이탈리아 프리아 주의 가리포리 마을에서 어부의 부인으로부터 이 단어를 배웠다고 하는데, 시칠리아나 살루디니아의 어부 마을 등에서는 어선에 타서 어업을 체험하는 경우가 많다고 한다. 그러나 그 실태를 정확하게 파악하기 어려워 짐작컨대 일본의 선박 숙박 같은 것일 듯하다. 오히려 일본에서 좀 더 작고 세련된 것들로 씨사이드 라이프를 즐길 수 있는 방식이 도입되면 좋겠다고 느꼈다.

이러한 시도들은 모두 도시에서 온 사람들에게 지역의 자원인 식료품과 경관과 문화를 최대한 즐기기 위해 세련된 기획에 의해 기업하는 시스템을 구축하는 것에 미래가 걸려 있으며, 단순히 민가를 개조하여 숙박을 유치하는 시대는 이미 갔다고 해야 할 것이다. 여기에 도시와 전원의 연계에 대한 중요성이 녹아 있다. 또한 받아들이는 측에서도 예약 시스템이나 홈페이지 완비, 메뉴나 특산품 개발 등에 항상 다른 지역(이웃 마을이라는 의미가 아니라, 세계적인 선택지)에 대한 경쟁력을 다져 갈 필요성이 있다.

6.5 평가와 인증 시스템

PDCA 사이클과 이에모토 제도

(이에모토 : 다도 등 에도의 전통을 계승하는 사람 혹은 가문. 우리말 본가(本家) 혹은 종가(宗家)의 뜻에 가까움, 역자주)

영국의 맨체스터 흄 지구에서 실시되고 있는 도시 재생사업에서는 10년간에 걸쳐서 제3자에 의한 계속적인 평가가 이루어졌다고 기술하였다. 도시 재생이나 지역 재생과 같이 장기간에 걸친 사업에서는 이와 같이 계속성을 가진 평가를 하지 않으면 사업 속행의 시비를 가릴 수 없게 된다. 필자는 카고시마시의 도시계획 심의회 위원으로서 구획정리사업이나 재개발사업에 대해서 의견을 요구받는 경우가 많았는데, 이제 와서 생각해 보면 너무나 찬성할 수 없는 계획안이라도 지금까지 계속되어 왔던 경위를 생각해서 속행하지 않을 수 없다는 설명을 들으면, 딱 잘라 반대를 하지 못한 사례도 많았다. 이것도 계속적인 평가가 이루어졌다면 어쩌면 예전에 중지되어 세금 낭비도 피할 수 있었을 것이다. 신칸센 신역 계획으로 갈등이 있었던 사가 현 지사 선거와 같이 갑자기 정치문제화 하기 전에 냉정한 평가를 제3자에게 받아야 할 필요가 있다.

우리가 방문했던 선진국에서는 대체로 재정난으로 고심하고 있었으며, 마을 만들기나 지역 만들기 사업에 대해서는 중앙정부, 지방정부, 독립법인, 민간기업, 시민펀드 등이 파트너가 되어 실시하는 경우가 많은데, 중앙정부 출자액은 10% 정도에 그치는 경우가 많으나 그것도 사업평가가 요구된다. 일본에서도 이윽고 사업평가라는 제도가 도입되었는데, 아직까지 이렇다 할 성과는 보이지 못하고 있다. 사전평가는 의회 등에서 엄격하게 실시하는 경우가 많지만, 일단 예산이 통과되면 흐지부지되는 경우가 지나치게 많다. 그러나 사업이 끝난 시점에서 평가를 한다 해도 이미 때는 늦어버리게 된다. 역시 흄에서 실시한 바와 같이 가능한 한 평가빈도를 높여 노중에 사업노선 수정을 할 수 있도록 모니터하는 것이 효과적일 것이다.

이와 같은 경우에 자주 사용되는 것이 PDCA 사이클이다. P는 계획(Plan), D는 실시(Do), C는 점검(Check), A는 처치=개선(Act)를 의미한다. 이것은 공업생산품의 품질 향상을 도모하기 위해 유명한 에드워드 데밍이 주장한 수법으로, 이 사이클을 거듭함으로써 소기의 성과에 최대한 가까이 도달할 수 있다고 알려져 있다.

우리는 대학 내에 있어서 자기 점검이나 제3자 평가, 또한 인증평가 등이라는 무수히 많은 평가 점검을 강화하고 있는데, 그 때에 꺼내어지는 것이 이 시스템이다. 평가에 대응하기 위해서는 당연히 준비가 필요하고, 너무나 많은 시간을 필요로 하기 때문에「평가 몸살」이라는 말도 생겼다고 한다. 어떻게 효과적인 평가를 할 것인가라는 검토도 불가결한 것이다. 또한 평가수법으로서는 앞에서 언급한 바와 같이 수치목표와 같은 데이터에 의한 평가와 이념 달성도와 같은 기술에 의한 평가가 있으며, 이들을 어떻게 조합할지도 검토가 필요하다.

또 한 가지 중요한 것이 슬로우 시티나 슬로우 푸드 등에 보이는 바와 같은 인증제도이다. 다른 경쟁상대와 차별화를 도모하기 위해 도입되는 이들 타이틀은 당연히 그것을 인증하는 시스템에 의해 유지되고 있다. 즉 인증하는 단체를 조직하여 인증기준을 정하고, 계속적인 인증평가를 의무화함으로써 이 제도는 영속성을 유지할 수 있는 것이다. 필자는 슬로우 푸드 협회가 농담 같은 이야기에서 발족한 것은 사실이더라도 현실의 사정을 매우 전략적으로 파악하고 있는 것에 감동받았다. 이것은 마치 일본의 다도 등과 같은 이에모토 제도인 것이다. 이것을 성립시키기 위해서는 많은 찬성자를 모을 필요가 있으며, 출판물 등에 의해 철저히 주지시키면서 수상제도 등에 의해 스스로의 권위를 높임과 동시에 외부로의 인지도를 높이지 않으면 안 된다.

이와 같은 전략은 고전적 수법으로서 이미 주지된 것이기는 하지만, 슬로우 푸드 협회는 착실하게 이것을 자가 비법으로서 응용하여 훌륭하게 성공했다. 업신여길 수 없는 것이 고전인 것이다.

07

지역 네트워크 (Regional Network) 전략

지역 만들기에 유효한 도구로서 「네트워크」를 들었다. 그러나 이 용어가 의미하는 것은 지극히 애매하다.

따라서 이 장에서는 최근 각 분야에서 갑자기 연구가 진행되고 있는 「네트워크 이론」을 개괄적으로 짚어보고 이것과 지역 만들기와의 관계를 살펴보았다.

「네트워크」는 거리와 관계가 없이 존재하는 것이 가능하며, 「복잡한 네트워크」는 그 일부가 파괴되어도 재생할 수 있는 강인성을 가지고 있다고 한다.

7.1 네트워크와 지역 재생

지금까지 콤팩트 시티 사이의 공간의 문제는 어떻게 해결할 것인가 혹은 콤팩트 시티가 되지 못한 지역은 어떻게 될 것인가에 대한 문제를 테마로 각국의 사례를 소개해 왔다. 예를 들면, 이탈리아 소도시에서 볼 수 있었던 슬로우 푸드, 슬로우 시티나 아그리투리즈모 등의 여러 활동, 일본과는 대조적인 핀란드의 큰 정부에 의한 지역 만들기, 영국에 있어서 지역을 오랜 역사의 관점에서 받아들이는 자세, 공공 교통정책을 축으로 한 독일 세 도시에서의 대응 등이다. 우리가 이들 지역의 순방이나 조사를 통해서 알아낸 것은 그 배후에는 공통적으로 어떤 「네트워크」가 효과적인 형태로 형성되어 그것을 충분히 활용하고 있다는 사실이다. 컴퓨터 용어를 비롯하여 너무나도 생활과 밀착되어 사용되고 있는 말이 네트워크라는 말이지만, 그 실체는 아직까지 발전 중에 있으며, 아직 해명되지 않은 점이 많다. 그러나 네트워크는 수리 · 정보 계통의 연구자를 비롯하여 사회과학 등의 학문영역을 석권하기 시작하고 있으며, 분야에 따라서는 금세기 최대의 키워드라 지목될 정도로 각광을 받고 있다.

네트워크란 말을 내가 가지고 있는 조금 오래된 「코우지엔」 사전에서 찾아보면 「다수의 라디오 · 텔레비전 방송국이 중심 기지국을 중심으로 조직하고 있는 공동망, 컴퓨터 · 네트워크의 약자」 라고 되어 있다. 다만 최근, 네트워크가 의미하는 것은 그것만으로 그치지 않는다는 것은 명백할 것이다. 인터넷의 프리 백과사전 『위키페디아』는 저자가 평소에도 애용하고 있는 사이트이며, 독자분들 중에도 알고 계시는 분이 많을 것이다. 이 사이트에서 네트워크를 검색해본 결과, 「절점(노드 : node)와 경로(링크 : link 또는 엣지 : edge)로 이루어져 있으며, 흐름(플로우 : flow)이 상정되는 것」 이라 되어 있으며, 무엇이 다루어지는가에 따라서 상기의 의미 이외에 복수의 해석을 열거하고 있다. 본서에서는 저자의 얕은 학문적 지식으로 인해 네트워크의 정의를 이러쿵저러쿵 말하지 않고 「노드와 링크로 이루어졌으며, 플로우가 상정되는 것(경우에 따라 그것들에 의해서 만들어진 그림을 그래프라고도 부른다)」이라고 하겠다. 그렇다면 우리들 가까이에 있는 많은 것들이 네트워크를 형성하고 있다는 것을 알 수 있다.

교토의 바둑판 모양의 구획 분할은 노드인 교차점과 링크인 도로, 그리고 플로우인 차량이나 버스와 같은 요소로 이루어진 네트워크이며, 그 그래프는「정방격자」라 부른다. 바둑판 모양의 구획 분할뿐만 아니라, 일본 전체에 퍼져있는 도로망은 국도·현도 등 법정 속도의 차이는 있겠지만 문자 그대로 하나의 네트워크이다. 그리고 도로공사를 위해 통행금지 구간이 있다거나 해도 특별한 경우를 제외하고 우회도로가 확보된다. 즉, 도로망과 같은 네트워크를 형성하는 것은 네트워크의 완건성(頑健性, robustness)을 지키는 것으로 이어지고 있다.

앞에서 언급한 위키페디아도 하나의 네트워크이다. 현재 200언어에 이르는 위키페디아에는 편집위원회는 존재하지 않고 대부분이 투고에 의해서 성립되고 있다. 여기에서 투고자는 노드이며, 각각의 노드를 연결하여 네트워크를 형성, 백과사전으로서 패키징되고 있다. 그 가운데 위키페디아라는 사이트 혹은 관리자는 각 노드를 연결하는 허브이다. 허브란 원래 차륜의 중축으로, 자전거는 바퀴에서 중축으로 뻗어나가는 여러 개의 스포크를 중축에서 정리함으로써 차륜을 형성하고 있다. 위키페디아는 마치 이와 같은 역할을 하고 있다. 이와 같은 허브의 존재는 해당 네트워크의 관리를 용이하게 하고 다소 노드에 좋지 않은 일이 발생해도 네트워크 구조 자체가 위협을 받는 일이 없는 점에서 보기에는 견고하다. 다만, 허브 자체가 공격을 받게 되는 경우, 어쩔 수 없이 그 네트워크는 붕괴된다. 이와 같이 허브에 심하게 집중되어 있는 그래프는 네트워크의 기능을 높이는 중요한 역할을 하는 반면 눈 깜짝할 사이에 그래프를 붕괴에 이르게 할 취약한 면도 가지고 있다.

우리들의 매일 매일의 생활에서 어긋날 수도 있는 인간관계나 회사조직도 네트워크이다. 서클활동, 이웃과의 교제 등의 교우관계는 상당히 복잡한 네트워크로 이루어져 있다. 또한 회사조직은 단순화해 보면, 사장에서 부과(部課)라는 트리구조의 네트워크로 이루어져 있다. 그 외에도 전염병 감염경로, 생명을 구성하는 세포, 웹 구조 등... 이와 같이 조금만 생각해

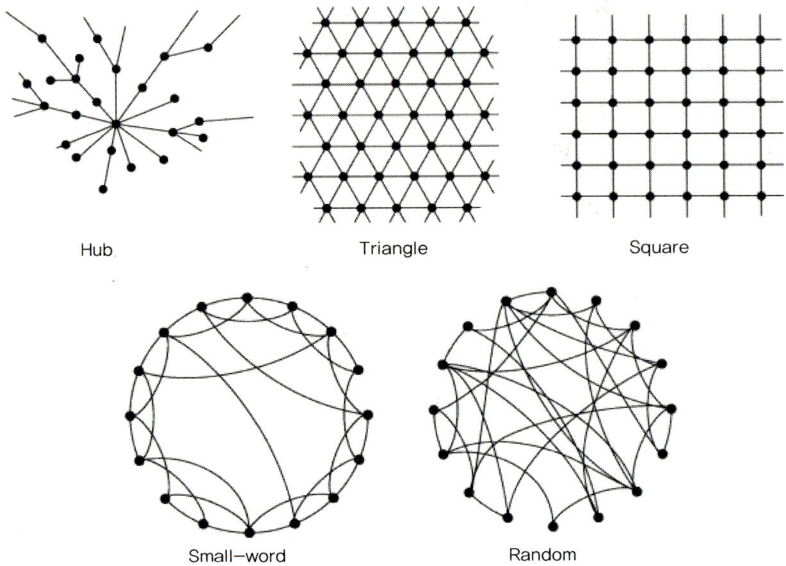

그림1 다양한 네트워크의 형태(상세한 것은 주1의 서적을 참고할 것)

봐도 다양한 네트워크가 존재하고 있다. 여기에 보인 네트워크의 특성에 관해서는 왓츠나 스토로커츠에 의한 「스몰월드 네트워크」 나 바라바시 등에 의한 「스케일 프리 네트워크」 등이 대표적으로 현재도 다양한 연구가 점차적으로 축적되고 있다(**그림1**).[1] 이 책에서는 지역 만들기에 있어서도 네트워크로 파악하는 관점이 유효하다는 것을 제시하고자 한다.

최근 마을 만들기 분야에서는 일이 있을 때마다 지역연계, 공민연계, 산관학연계 등 「연계」 라는 단어가 빈번하게 나오고 있다. 또한 이것과 유사한 산업 클러스터나 지적 클러스터의 형성이 추진되고 있다. 이들에 있어서 공통적인 것은 네트워크이다. 클러스터는 네트워크와 같은 의미로 취급되는 경우가 있으며, 총 링크수가 많은 네트워크는 「클러스터성이 높

1) 네트워크에 관해서는 작금의 복잡 네트워크 연구의 선도 · 계몽역할을 했던 다음의 저서가 상세하다. 알버트 라즈로 · 바라바시 저, 아오키 카오루(靑木薫) 역, 『신 네트워크 사고 세계의 시스템을 이해한다』 일본경제출판협회, 2002/던칸와츠 저, 츠지 류우헤이(辻竜平) · 토모치 마사키(友知政樹) 번역
『스몰월드 네트워크, 세계를 알기 위한 신 과학적 사고법』, 주식회사 阪急 コミュニケーションズ, 2004/ 마스다 나오키(増田直紀) · 콘노 노리오(今野紀雄) 저 『복잡네트워크의 과학』 産業図書 2005/콘노 노리오(今野紀雄) · 마스다 나오키(増田直紀) 저, 『복잡네트워크란 무엇인가? 복잡한 관계를 이해하는 새로운 어프로치』 講談社, 2006

다」 고 한다. 즉 앞으로의 지역 재생에서는 애매한 연계나 클러스터 형성 뿐만 아니라 인간레벨, 조직레벨, 물리레벨 상호간의 네트워크를 조감적, 시각적으로 파악하여 흐름은 어떤지, 흐름을 위한 적정한 네트워크의 구조는 무엇인지, 허브의 존재, 네트워크 관리와 같이 네트워크를 디자인하는 힘이 필요하다.

상공사례는 어떠한 네트워크를 조직하고 있는 것인가? 다음 항에서는 본서에서 소개했던 슬로우 푸드와 슬로우 시티의 네트워크 및 카를스루에 모델의 네트워크 전략을 소개하고자 한다.

7.2 슬로우 푸드의 네트워크

이탈리아발 슬로우 푸드는 네트워크를 최대한으로 활용한 매우 좋은 예이다. 그들은 지금까지 상당히 지배적이었던 대량생산·대량소비의 효율 지상주의에 대해서 슬로우 푸드의 철학을 가지고 네트워크를 형성하는 전략을 세웠다. 이것은 슬로우 푸드 협회 국제 이사인 쟈코모 모요리도 인정하고 있는 부분이다. 하나하나의 작은 마을은 기후나 문화를 바탕으로 한 지역 특유의 재산을 갖고 있지만, 사회적·경제적으로 약한 입장인 경우가 많다. 더불어 그 약함의 결과로 지역 특유의 재산, 바꾸어 말하면 지역의 특색을 계속해서 상실하게 된다. 슬로우 푸드의 발상지인 브라도 그러한 지역 중 하나였다. 거기에서 각각의 지역 특색을 지역 고유의 음식문화라는 힌트에서 「프레지디오」 라는 개념을 발동함으로써 다시 검토하고 공감하는 지역 간 네트워크를 형성해 간다. 이 네트워크는 각각으로는 약한 지역을 완건하게 만듦과 동시에 네트워크에 의한 횡적인 연결에 의해 지역의 차이를 겉으로 드러나도록 하고, 지금까지 각 지역에 잠들어 있던 특색을 일깨워 간다. 바야흐로 모요리가 말한 「차이의 네트워크」 에 의해서 시너지 효과가 발생하는 것이다.

네트워크는 지역 고유의 음식문화를 이동시키는 동시에 지역 고유의 산업과 노하우 등의 지적 재산을 이동시킨다. 특히 각 지역의 독자적인 힘만으로는 한계가 있던 슬로우 푸드 운동은 네트워크 형성에 의해 2006년의 「살로네 델 구스토(음식 제전)」 에서는 17만 명, 동 시기에 개최된 「테라 마들레(어머니가 된 대지)」 에서는 생산자, 학자, 요리사 등, 9,000명이 모여 강한 흡인력을 가지게 되었다. 슬로우 푸드의 전략은 네트워크 형성에 의해서 멋지게 성공한 것이다. 그렇다면 다만 단순히 네트워크를 형성하면 되는 것인가? 얼핏 보면 슬로우 푸드 협회를 중심으로 한 일극 집중형으로 보이는 그래프의 바탕에는 슬로우 푸드의 철학에 공감하는 지역(노드)의 보다 밀도 있고 플랫한 그래프가 존재하며, 더불어 각 노드는 범용이 아닌 각각의 특색, 모요리가 말한 바와 같은 「차이」 를 가지고 있다.[2] 즉 네트워크는 슬로우 푸드의 철학이라는 강력한 접착제와 각 노드가 가진 다양한 접착부분이 있어서 비로소 형성되고 있는 것이다.

강력한 네트워크는 새로운 흐름을 가진 네트워크의 형성을 파생시킨다. 그 전형이 슬로우 시티이다. 슬로우 시티는 1998년 슬로우 푸드 협회에서 브라, 그레베 인 키안티, 오르비에토, 포지타노의 4명의 시장이 슬로우 푸드의 철학을 지역 만들기에까지 확대하고자 의기투합하여 시작되었다. 슬로우 시티 요강은 슬로우 시티의 인정을 받는 조건 중 하나로서 슬로우 푸드 가맹 도시임을 정하고 있다. 즉, 슬로우 푸드의 네트워크를 바탕으로 새로이 슬로우 시티라는 플로우를 가진 네트워크가 현재 10개국 100여개 도시 이상으로까지 확대되어 가고 있는 것이다.

그러면 아그리투리즈모의 네트워크는 어떨까. 아그리투리즈모는 피폐한 농촌의 현금 수입을 증가시킬 목적으로 행정 주도를 바탕으로 1985년에 법제화 된 「농가민박 보조 시스템」 이다. 이 네트워크는 저널리스트인 카를로 베트리니 등이 만들었던 슬로우 푸드 네트워크와는 달리 나라와 주 정부의 지도에 따라서 형성된 종적인 트리구조의 그래프라고 할 수 있다. 플로우나 사회환경에 따라 적정 그래프는 변화하게 마련이며, 절대적으로 옳은 그래프는 존재하지 않는다. 우리가 이번 조사에 임하면서 실감했던 것은 트리구조의 그래프는 네트워크 관리가 쉬운 한편, 지역 간의 네트워크 거리(노드와 노드를 연결하는 최소 링크수)는 멀기 때문에 슬로우 푸드나 슬로우 시티의 횡방향의 플랫한 그래프에 비해서 노드간 정보 전달성이나 파급성, 말하자면 네트워크의 완건성과 전략성에 있어서 한 단계 모자란 것같이 보였다(**그림2**). 이것은 일본의 지역 재생 사례에서도 마찬가지라고 할 수 있지 않을까 한다.

작금, 양육 지원 등 정주 인구 유지 활동이나 커뮤니티 재생에 관한 여러 가지 사업 등, 일본에서 일반대중레벨로 진행되고 있는 지역 재생 사례

2) 원래는 와인 평론가인 모요리는 와인이 존재이유는 완벽하지 않은 [illegible]에 있으며, 각 산지의 특색을 배경으로 한 다양한 와인의 존재상태, 결국 차이를 장려한다. 한편으로, 일본의 식문화를 사랑하는 친일가이기도 하며 대량생산을 의도한 일본차를 페트병에 넣어 판매하는 것에 대해서 차를 음미하는 일본의 아껴야 할 습관, 문화가 없어져 버리는 것을 의미한다고 말하고 있다.

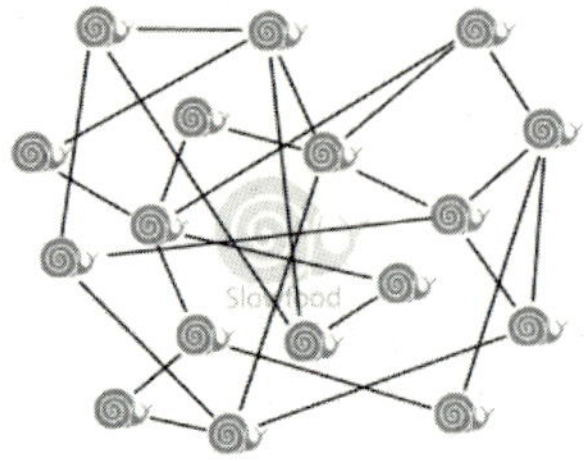

(A) 슬로우 푸드의 네트워크

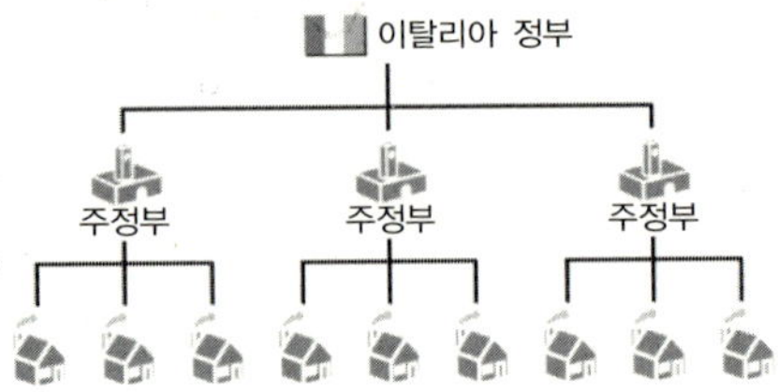

(B) 아그리투리즈모의 네트워크

그림2 슬로우 푸드의 네트워크와 아그리투리즈모의 네트워크

는 일일이 열거하기도 어렵다. 다만, 이들 훌륭한 지역사업을 네트워크로서 조감적으로 보는 경우, 트리의 말단에 위치하고 있기 때문에 다른 지역과 거리가 멀어져 버리고 지역의 활동이 고립되어 버리는 것은 아닐까? 또한, 유효한 네트워크조차 가지지 못해 외톨이가 되어 버리는 것은 아닐까? 보다 플랫한 횡방향의 네트워크를 형성함으로써 각 지역의 특색을 재인식하는 것도 가능해지며, 각 지역이 가지고 있는 노하우의 전달성을 고속화하는 것으로도 이어질 것이 틀림없다. 덧붙여 말하자면, 일본의 지방분권은 말 그대로 종적인 트리구조 그래프에서의 탈피, 즉 지정학적인 거리조차도 초월한 횡적인 플랫한 그래프로의 전환을 지역에 제안하는 것이라고 받아들이고 싶다.

7.3 복층화 하는 교통 네트워크

보다 가시화할 수 있는 네트워크로서 도로 외에 철도, 버스, 비행기 등의 교통망을 들 수 있다. 여기에서의 노드는 버스정류장, 역, 공항이며, 링크는 도로, 궤도(선로), 항공로 등의 노선이다. 이것은 각각의 노선도를 보면 일목요연하다. 여기에서는 특히 독일의 사례에서 예로 들었던 철도망의 전략성을 네트워크의 시점에서 바라보았다.

우선 「튜브」 라는 애칭으로 친숙한 런던의 지하철(언더그라운드)의 노선도를 상상하면 좋을 것이다(혹은 도쿄의 지하철 노선도라도 좋다)(그림3). 런던의 지하철은 디스트릭트 라인, 서클 라인, 센트럴 라인, 베칼 라인, 쥬빌리 라인, 피카데리 라인, 노잔 라인 ... 등 색으로 구분된 각 노선이 각각 하나의 네트워크를 형성하고 그들이 복층화 양상으로 성립되어 있다. 다만, 하나하나의 네트워크는 환상(環狀)이나 띠 모양이라는 차이는 있지만, 상당히 단순한 네트워크이며, 런던 시내를 망라하는 것은 불가능하다. 또한 런던에서는 이따금씩 일어나는 일인데, 어떤 네트워크 상의 노선역이 폐쇄되면 그 네트워크의 역할이 거의 마비된다. 따라서 각각의 네트워크가 고립하지 않도록 요소가 되는 노드에 연락로를 마련하고 다른 네트워크로의 횡단을 조금이라도 용이하게 할 수 있도록 하고 있다. 더불어 그 네트워크는 버스노선의 네트워크와도 연결된다. 1일 승차권을 구입하면 지정된 존 안에서는 버스를 몇 번이라도 타도된다. 즉, 지하철뿐만 아니라, 버스의 네트워크도 포함한 복층적인 교통 네트워크 속에서 네트워크간의 횡단을 용이하게 하는 체계를 이루고 있다. 도쿄의 「스이카」 나 「파스모」 는 이들 네트워크 횡단의 용이함, 즉 환승 저항의 저하를 강화한 것이다. 우리는 평소에 가능한 한 빨리 혹은 쾌적하게 목적지에 도착하고자 이 복층화 된 네트워크 안을 때로는 횡단하면서 이용하고 있다.

독일에서 실시되고 있는 카를스루에 모델은 이 교통 네트워크의 복층성에 대한 대처에 있어서 상태를 파괴함으로써 일약 유명해졌다. 네트워크간의 횡단, 즉 환승 저항이 없다면 문제될 것이 없다는 즉, 그것을 제로로 만

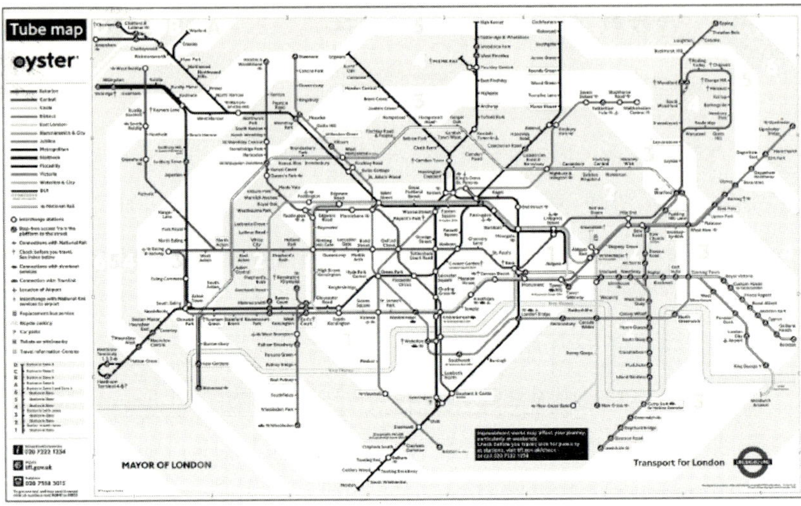

그림3 런던의 튜브맵(Transport for London 홈페이지 http://www.tfl.gov.uk/home.sapx)

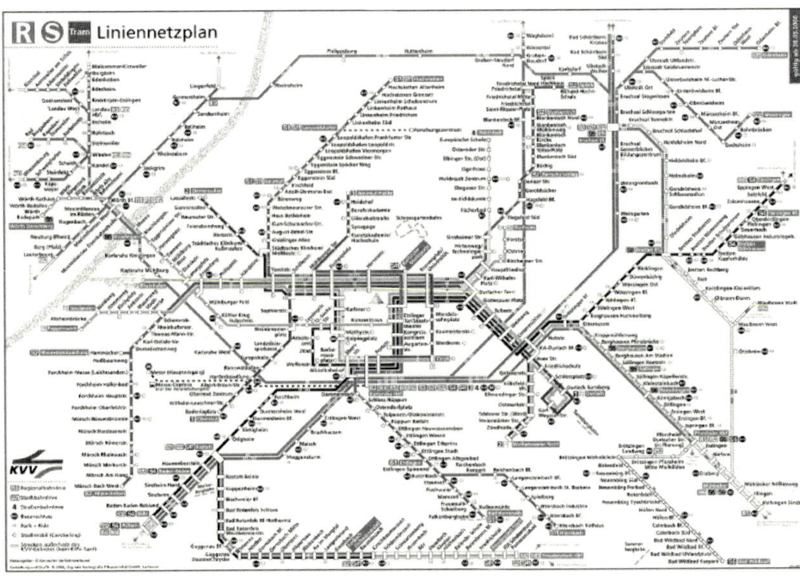

그림4 KVV의 노선도

그림5 상호 환승역. 어떤 저항도 없이 전차가 자주 출입한다.

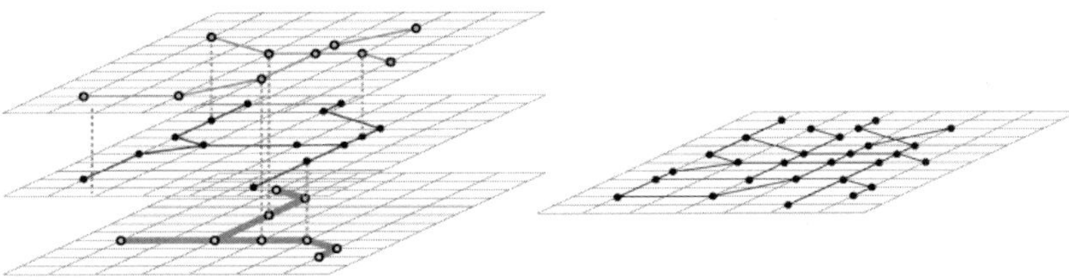

(A) 다층 네트워크 (B) 단층 네트워크

그림6 복층 네트워크와 단층 네트워크

들려는 발상이다. S반(근거리 철도)와 트램(노면전차)의 상호 환승은 복층적인 레이어를 플랫한 동일 네트워크에 도입함으로써 네트워크의 횡단 자체를 없애버렸다. 당초에는 한 노선에서 상호 환승을 시작하여 조금씩 네트워크를 통합 · 확장해 갔다. 오늘날에는 50킬로 거리에 있는 만하임과 하이델베르크까지 거대한 네트워크로 성장해 있으며, 이용자수는 당초에 비해서 약 8배나 되었다(**그림4~8**).

이러한 성공의 이면에는 또 하나의 네트워크가 존재한다. 그것이 조직 네트워크의 구축, 즉 KVV(카를스루에 교통연맹)이다. 상호 환승에 의한 네트워크의 구역 내 총인구는 130만 명으로, 카를스루에시, 카를스루에군, 바덴바덴시, 라슈타트군, 게르마샤임군, 란타우시, 남 바인슈타군 등 7개의 자치지역에 걸쳐있다. 이 7개의 자치지역이 공동 출자하여 유한회사 KVV를 설립, 이 회사가 승차권 관리나 차량 운행 조정과 홍보를 하기로 했다. 그리고 실제로 차량 운영은 DB(독일 철도), VBK(카를스루에시 교통국), AVG(알브탁 철도), 및 RVS(서남지역 버스 교통유한회사), SVVEG(남서 독일

그림7 KVV의 조직도(KVV 홈페이지 http://www.kvv.de/kvv/index. php?navid=0)

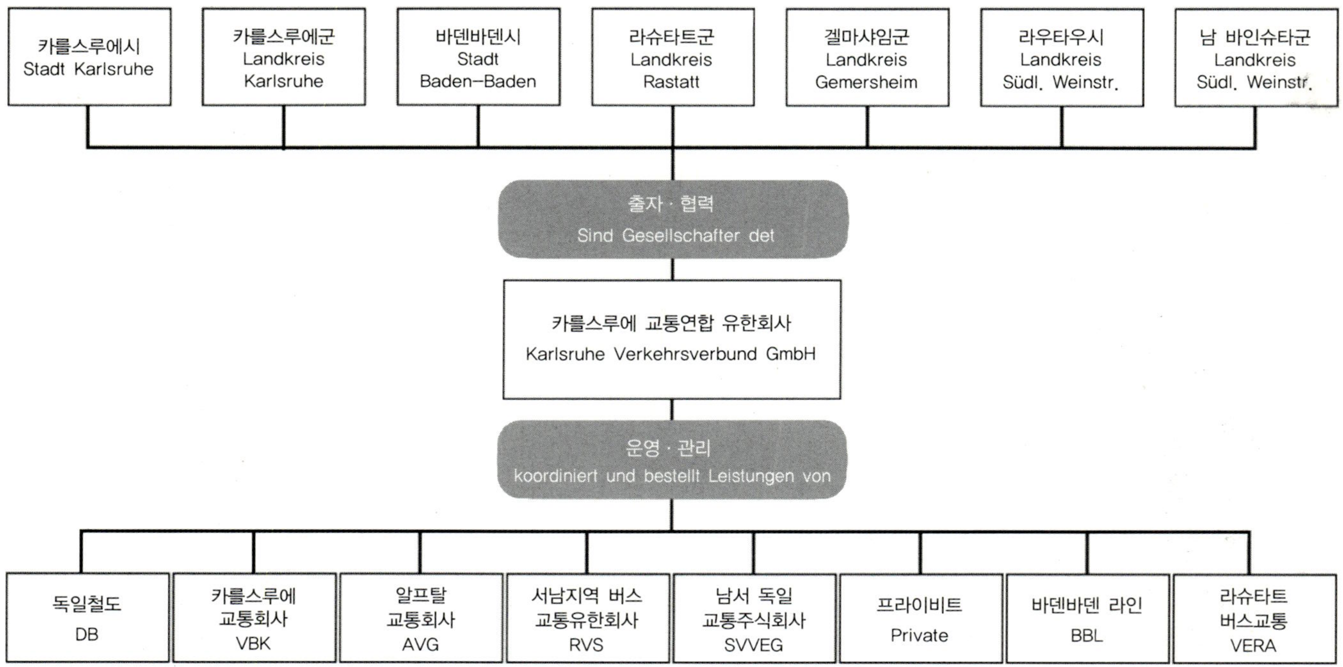

그림8 아직 유빙이 남아 있는 오오츠크해를 배경으로 철교를 달리는 DMV. (사진은 JR 홋카이도 사업부 기술창조부 DMV 추진센터 제공)

교통주식회사), 바덴바덴 라인(BBL), 라슈타트 버스교통(VERA) 등이 협동으로 실시하는 것이다(**그림7**). 이와 같이 KVV를 중심으로 한 플랫한 조직 네트워크의 형성에 의해 승차권 1장으로 트램과 S반 외에 버스도 이용할 수 있게 되는 등 네트워크를 최대한으로 활용하는 시스템이 실현되었다. 분명히 이러한 조직네트워크는 교통에 국한해서 뿐만 아니라 지역 만들기의 모든 장면에서 반드시 우리가 체험하게 되는 것으로, 어떠한 조직 네트워크를 구축하는가라는 것이 성공의 열쇠가 된다. 목적에 맞는 체제를 구축하기 위해서는 조직을 네트워크로서 받아들이고, 각 노드나 그래프의 종별 특성을 이해하면서 조감적으로 조직을 재검토하여 가는 것이 반드시 필요하다.

일본에서도 JR홋카이도가 개발하여 2007년부터 시험 운행되고 있는 DMV(듀얼모드비클)는 금속차륜과 고무타이어를 겸비하고 있는 버스 · 궤도차 겸용 차량으로 철도뿐만 아니라, 철도의 네트워크와 버스노선의 네트워크의 격차를 제로로 만들고자 한 시도이다(**그림8**). 아직 몇 가지 운영상의 과제는 남아 있지만, 버스와 전차라는 다른 교통 네트워크의 그래프 중복부를 공유하는 발상이나 장애에 의해서 네트워크가 끊어진 경우에는 새롭게 다른 네트워크를 구축할 수 있다는 가능성을 가지고 있으며, 교통 네트워크의 신천지를 항간에 보여주는 시도라고 할 수 있다. 마찬가지로 현재 개발중인 프리게이지트 레인(궤간가변전차)도 신칸센과 재래선의 네트워크를 동일 네트워크로 조직한다는 독특한 시점을 가진 차량이다.

08

지역 만들기의 실천

지금, 일본에서는 지역 격차의 확대를 탄식하는 목소리가 각지에서 쏟아져 나오고 있다. 그러나 그 해소책을 누군가가 줄 것이라고 기다렸으나 아무런 일도 일어나지 않았다. 스스로 움직이지 않으면 안 되는 것이다.

이 장에서 다룬 것은 그와 같은 의식을 바탕으로 우리들이 제안한 지역 만들기의 계획안이다. 필드는 우연히 카고시마이지만, 일본 가지 어떤 지역에나 응용할 수 있는 수법이 제시되어 있다고 생각한다.

독자 여러분들은 아무쪼록 독자적인 수법을 개발하기 바라며, 이 책이 그에 참고가 되기를 바라는 바이다.

8.1 지역 만들기 케이스 스터디

지금까지 다루었던 많은 사례는 모두 해외의 사례이며, 독자 중에는 일본의 상황에 대해서 의문을 가지고 있는 분들도 많을 것이다. 국내 각지에서는 열심히 지역 만들기에 대한 연구나 실천을 계속하고 있는 전문가도 많으며, 이와 관계된 논문이나 리포트는 각종 잡지 등에서 무수히 많이 볼 수 있다. 그래서 여기에서는 필자의 대학원에서 실시했던 카고시마현 내의 지역 만들기 케이스 스터디를 소개하고자 한다. 이 내용에 대해서는 행정 담당자, 산업계, 시민까지 포함한 다수의 사람들 앞에서 프레젠테이션을 하여 대부분 찬성했던 것이다. 그대로 실현하는 것은 어려운 부분도 있지만, 여러 지역들에 뭔가 힌트가 되기를 바란다. 여기에 모은 것은 카고시마의 사례인데, 예를 들면 도쿄의 간다(神田)에서는 메이지 대학 등, 근처 5개 대학의 학생과 교원이 일체가 되어 고서적거리로서 유명한 진보쵸(神保町) 재생을 제안하고 있다. 또한 치바현 카시와시(柏市)의 「카시와노하 캠퍼스」 역 앞에 있는 UDCK에서는 역시 도쿄 대학 등 주변 대학과 카시와시 및 상공회의소 등이 일체가 되어 이 지역 만들기의 케이스 스터디를 하고 있다. 어쨌든 그 방법론은 해당 지역이 보유한 자원을 찾아 그것을 최대한 이용하는 것을 목표로 하는 것이며, 이것은 우리가 이 책에서 언급했던 해외의 사례와도 완전히 공통적인 부분이다.

여기에서는 3가지 지역을 필드로서 선택했다. 첫 번째는 인구 2만 5,000 미만의 마쿠라자키시(枕崎市). 어업을 주업으로 삼는 마을로서 알려져 있는데, 그 외의 자원을 찾아보았다. 다음으로 농업을 주업으로 삼는 마을인 구오오구마마찌[현재는 소오시(曽於市)에 합병되었다.] 전형적인 쇠퇴지역이다. 통폐합된 학교 교사의 활용을 생각했다. 그리고 사쿠라지마(桜島). 카고시마시에 속하지만 바다를 사이에 둔 관광지이다. 농업도 행해져 왔지만 후계자 부족으로 고심하고 있다. 더불어 화산 분화의 위험을 안고 살아야 하는 곳이다. 어쨌든 일본 내 각 지역이 공통적으로 안고 있는 문제와 비슷한 부분이 많을 것이다. 그 속에서 학생들이 무엇을 찾아내고 있는지를 참고하기 바란다. 마지막으로 필자 자신이 관여하고 있는 육상 양식장을 중심으로 한 지역 재생 프로젝트를 소개한다. 이것은 수산자원을 둘러싼 국제시장의 동향을 주시하여 카고시마 대학 수산 부분의 카도와키 슈사쿠(門脇秀策) 교수가 개발해 왔던 환경 공생형 양식 기술을 응용하여 해수어의 내륙 양식을 실시함과 동시에 그 기술개발, 시장개발, 상품개발을 하는 시설을 지역 재생의 기폭제로 삼고자 하는 구상이다. 지역 자원 중 하나인 대학과 민간자본이 산학협동이라는 형태로 협력하는 것도 더욱 장려되어도 좋다고 생각한다. 카도와키 교수는 이미 카고시마현 북부의 나가시마에서 히가시마찌 어협과 협력하여 해양 오염이 적은 환경 공생형 해상 양식을 실천해 오고 있는데, 이것을 육상에 전개하고 싶다고 생각하고 있다.

독일의 마을을 방문하면 학생 · 교원을 포함한 인구가 총인구의 10% 이상을 차지하고 있는 사례가 많다. 젊고 건강한 학생이 마을에 넘치고 있는 것만으로 활기가 증가하고 그들이 개발하는 지적 재산이 지역의 재생으로 전용된다면, 현재 통폐합이 논의되고 있는 지방 대학의 존재의식도 재인식되지 않을까 한다.

8.2 안락과 음식의 마을 만들기

마쿠라자키(枕崎) 슬로우 시티(그림1)

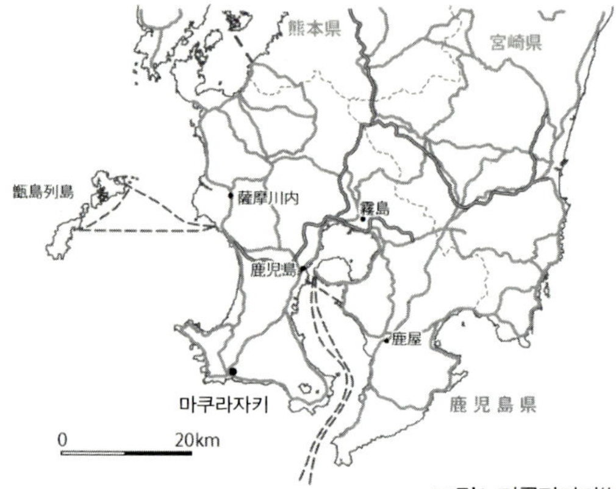

그림1 마쿠라자키(枕崎)의 위치도

마쿠라자키로 말하자면 본토 최남단의 철도 종착역으로 알려졌는데, 지명도에 비해서 이용자는 그다지 많지 않다. 그러나 그 철도 덕분에 윤택해진 것이 시내에 있는 수많은 의료기관이다. 인구 약 2만 5,000명의 이 마을에 약국을 포함하여 50개가 넘는 의료기관이 있다. 자가용차를 운전할 수 없는 고령자가 철도를 이용하여 이 마을로 모이기 때문에 이 인구가 많지도 않은 시 안에 각종 의료기관이 공존할 수 있는 것이다. 그러나 그 역 앞에 내려선 관광객은 활기 없는 상점가의 모습에 심하게 낙담할 것이다. 큰 화재가 발생하여 대규모 구획정리가 이루어진 결과, 중심부의 도로는 폭을 마구 넓혀 차도 양측이 지나치게 떨어져 버려 마을이라고 할 수 없게 되어 버렸다. 그렇기 때문에 상점회에서는 일단 중앙분리대를 설치하여 거기에 노점을 마련하는 것은 어떨까라는 아이디어조차 내고 있다고 들었다. 우리들이 미국 캘리포니아의 실리콘밸리에 있는 마운틴뷰 역 앞에서 본 예에서는 보도를 확장하여 노상 주차장을 설치, 보도상에 노점이나 오픈 카페를 열어 활기를 되찾고 있었다.

역에서 바다로 가면 어항이 나오는데, 거기에는 어협이 세운 레스토랑과 매점을 겸한 건물과 주차장밖에 없어 지극히 살풍경한 워터 프런트를 구성하고 있다. 그러나 남쪽으로 동지나해를 바라보는 전망이 좋고 기분 좋은 프롬나드가 되면 체재객에게 기쁨이 될 것이다. 항의 바깥쪽에는 일본 제일의 생산량을 자랑하는 카쯔오부시(鰹節) 공장이 모여 있는 지구가 있어 독특한 냄새가 진동한다.

육지로 가면 하나의 넓은 차밭이다. 페트병에 담은 녹차 붐으로 순식간에 판매량이 늘어, 한 가구가 1억엔 이상의 매상을 올리는 농가도 있다고 한다. 또한 여러 곳에 산재되어 있는 냉동창고는 어류 가격 동향을 보면서 출하 조정을 하기 위한 시설이라는 이야기도 들었다. 산에 가까운 곳에는 노천 금광산도 있다. 그리고 여러 곳에서 온천이 나온다. 마을 중심부와 가까운 곳에 소주 제조사인「사츠마 주조」의 공장이 있으며, 견학자를 받고 있다.

그러나 마을에 공공 교통이 없는데다가 함부로 도로가 정비되어 있기 때문에 주민은 교외의 슈퍼에서 쇼핑을 하게 되어 시내의 상점가는 괴멸되고 있다. 또한 최근에는 카고시마 등으로 전출하는 사람도 늘어 인구는 계속해서 줄고 있다. 앞으로는 U턴 등의 전입 인구를 증가시키는 것과 어떤 식으로든 교류인구를 증가시키는 것이 요구된다. 온난한 기후, 풍부하고 특색 있는 음식, 풍부한 자연을 살려 마을의 재생을 도모할 수 있지 않을까? 학생들의 대답은「슬로우 시티」였다.

그들은 슬로우한 마을 만들기로 단카이(團塊)세대의 이주를 촉진시키고 싶다고 생각했다. 단카이 세대 가운데 전원으로 이주하고 싶어 하는 사람은 40%를 넘고 있으며, 그 가운데 이주처로 선호하는 조건으로서 상위에 랭크된 것은 자연환경, 기후, 거주조건 다음으로 20%의 사람이 의료시설의 충실을 들었다. 또한 이주처에 요망하는 서비스로서는 정보 제공 이외에 소개·상담·알선 등을 드는 사람이 많다. 실제로 이사해 보려고 해도 접수하는 창구가 없는 경우가 많은 것이다. 그래서 그들은 우선「건강」에 주목했다(**그림2**).

최근의 조사에서 건강에 신경을 쓰고 있는 사람들의 비율은 70%를 넘고 있으며, 건강 지향이 대단히 강해지고 있다는 것을 알 수 있다. 그것을 반영하여 일본의 건강관련 사업의 매상은 기하급수적으로 늘어나고 있으며,

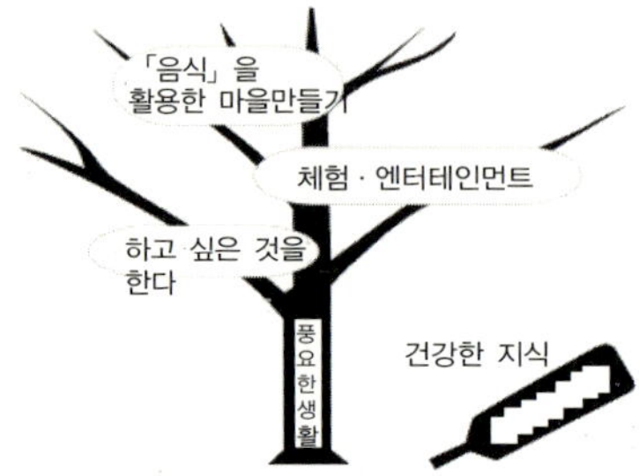

그림2 미쿠라자키 슬로우 시티가 목표로 하는 것

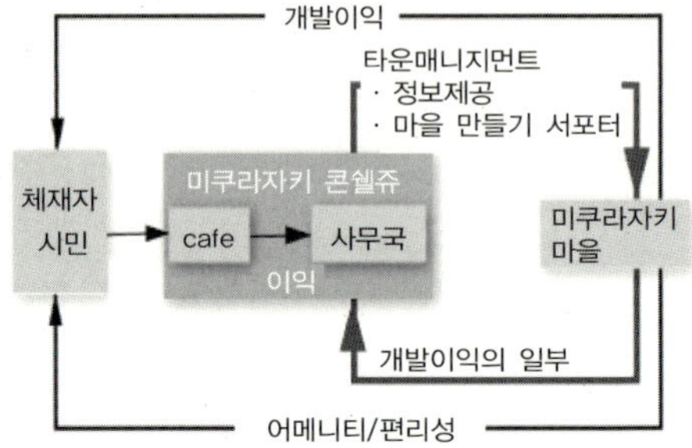

그림3 콘셀쥬의 개념

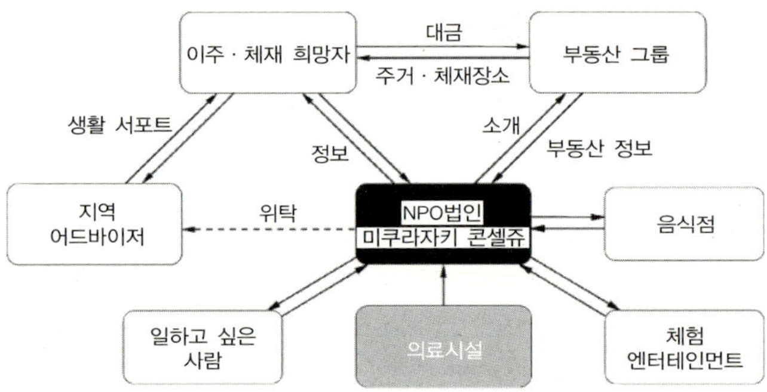

그림4 마쿠라자키 콘셀쥬의 성립 시스템

2010년에는 20조엔의 시장 규모가 될 것이라고 예측되고 있다. 특정 보건용 식품만으로 2003년도에는 약 6,000억엔의 매상을 올린 것이다. 온천의 매상도 4,000억엔을 웃돌고 있다. 건강식품은 전반적으로는 1.1조엔이라고 하니 거대한 시장이다. 그런데 「건강」이란 개념은 애매하며 건강에서 질병까지는 경계선이 없어 그 각 단계에 따른 다양한 서비스가 요구된다. 또한 연령대, 성별, 직종에 따라서도 요구하는 바가 다르다. 그들은 의료시설이 많다는 이 마을의 특징을 살려 지극히 섬세하게 요구에 대응하는 마을 만들기를 진행하고자 생각한다.

우선 「마쿠라자키 콘셀쥬」라 부르는 인재를 모은다. 그들은 마을 만들기의 중심이 되며, 정보관리나 활동을 지속적으로 서포트하는 사람들이다. 그들의 활동은 의료기관과의 연계, 관광 · 체험 · 엔터테인먼트 정보의 제공, 인재육성, 음식을 활용한 마을 만들기의 추진, 체재장소의 소개나 제공이

그림5 마쿠라자키 콘셀쥬의 카페

그림6 마쿠라자키 워터 프런트의 개선

다. 그들의 활동거점으로서 마을 중심에 「마쿠라자키 카페」를 설치하여 그곳의 수익을 콘셀쥬 시스템의 운영 자금에 보탠다.(그림3~5).

한편, 마쿠라자키에서 즐길 수 있는 체험이나 엔터테인먼트에 건강에 대한 지식을 플러스함으로써 다양한 건강요법이나 안락효과를 제공한다. 음악요법, 예술요법, 연극요법, 삼림요법, 생물요법, 해양요법, 온천요법 등을 생각할 수 있으며, 콘셀쥬는 의료기관과의 협력을 바탕으로 다양한 메뉴를 제공한다. 또한 삶의 보람을 느끼며 생활하기 위한 시스템을 만들기 위하여 하고 싶은 것을 하면서 생활하기 위한 장소와 수입원을 제공한다. 마쿠라자키는 풍부한 식재료의 혜택을 받고 있기 때문에 이것을 활용한 마을 만들기를 한다. 시내의 음식점 등을 네트워크화 하여 지역의 음식을 제공하는 시스템을 정비하여 음식의 브랜드화를 목표로 하고 있다.

이상과 같은 구상의 핵심을 이루는 콘셀쥬는 종래 시 등에서 실시해 왔던 서비스이지만, 앞으로는 민간 주체로 움직이지 않으면 안 된다. 그를 위한 재원 확보도 필요하며, 아무쪼록 시민들이 주도하지 않으면 안 된다(그림6).

8.3 폐교 네트워크로 지역 일으키기

마을 만들기 교사(校舍) 야고로(그림7)

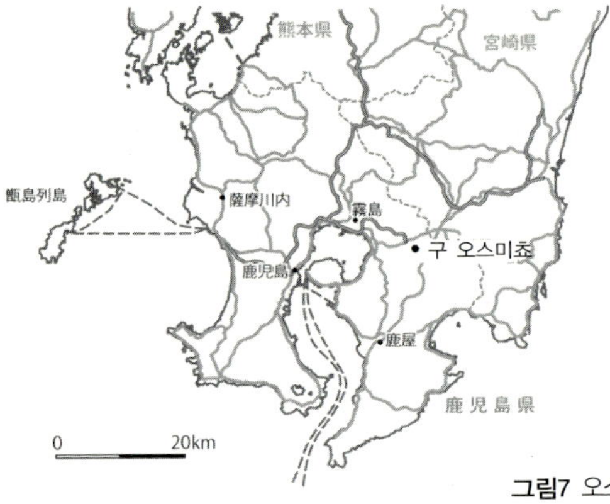

그림7 오스미쵸의 위치도

저출산 고령화의 진행에 따라서 전국적으로 지역의 학교 통폐합이 성행하고 있다. 또한 시정촌의 합병도 이러한 움직임을 가속화 시키고 있다. 2001년도에는 전국적으로 초중학교 합쳐서 285학교가 폐교가 되었다. 카고시마현 내에서는 초등학교보다도 중학교의 폐교가 많았다. 그러나 지금까지도 학교는 단순히 교육시설이라기보다도 지역 커뮤니티의 다양한 활동의 거점으로서 기능해 왔기 때문에 이것을 폐지한다는 것이 커뮤니티에 주는 영향은 한없이 크다. 학교가 없어진 커뮤니티가 아이들이 있는 가족을 받아들일 수는 없다. 지역의 고민은 크다.

폐교의 존재 그 자체도 지역에게 있어서는 커다란 부담이 된다. 구 오스미쵸(大隅町)의 경우, 연간 유지비가 77만에서 155만 정도로 합계 320만엔이 든다. 그렇다고 해서 이것을 철거하는 데에도 한 학교당 5,000만엔, 합쳐서 1억 5,000만엔이라는 어마어마한 공사비가 필요하게 된다. 또한 본래, 교육시설로서 문부과학성의 예산을 받아서 지은 것이기 때문에 보조금 적정화법의 규정에 의해서 지역에 필요하게 된 고령자 시설 등, 다른 용도로 전환하는 것도 어렵다. 카고시마현에서는 공민관이나 청소년 교육시설로서 재이용되고 있는 사례가 대부분을 차지한다(그림8).

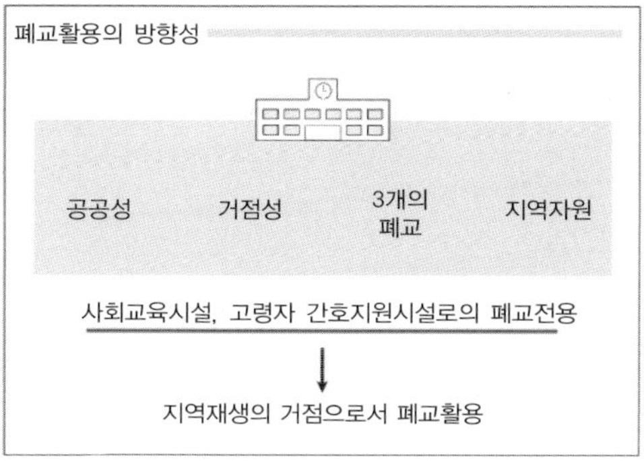

그림8 「마을 만들기 교사 야고로」의 개념

카고시마현 오스미 지방은 전국 유수의 농산물과 축산물을 생산하고 있는 지방인데, 여기 또한 예외 없이 쇠퇴가 진행되어 시정촌 합병도 거의 최종 단계에 이르고 있다. 그 가운데 현재 소오시(曽於市)와 합병된 인구 1만 3,000명의 구 오스미쵸도 합병됨에 따라 마을 내에 4개교가 있던 중학교를 어쩔 수 없이 1개소로 통합했다. 폐지되는 3개교에 대해서는, 말하자면 앞서 언급한 바와 같은 딜레마가 존재한다. 지역의 요청으로는 독거노인의 숙박시설이나 농업체험시설로의 전용이 거론되고 있다.

한편, 다른 프로젝트에서도 지적했었지만, 젊은 세대에서 단카이(團塊)세대까지 전원 거주에 대한 요구는 높아지고 있다. 이것은 세계 선진국에 공통적인 현상으로 미국의 부시 대통령조차도 자신이 소유한 텍사스의 목장을 자신의 천국이라고 부르고 있을 정도이다. 이탈리아 시골의 작은 도시에서는 많은 젊은 사람들이 귀향한다거나 이주해 오고 있었다. 그러나 그러한 삶을 지향한다 해도 현실적인 대응이 지역에서 이루어지고 있지 않으면 그 희망은 단순히 꿈 이야기에 지나지 않으며, 이주 단계까지 진행되지 못한다.

이 케이스 스터디는 이와 같은 사람들의 요구를 지극히 섬세하게 분석하여 그것에 대응하는 시설로서 폐교를 사용하는 프로그램을 개발한 것이다 구 오스미쵸의 인구는 과거 14년간 2,000명이 감소했으며, 취업인구도 그에 따라 감소하고 있는데, 그 가운데서도 1차 산업 취업자수 비율이 감소가 심각하다. 2000년도에 30%였다. 1960년도에는 74%를 차지하고 있었지만, 지금은 역시 3차 산업의 인구가 다수를 차지하고 있다. 그렇기 때문에 지

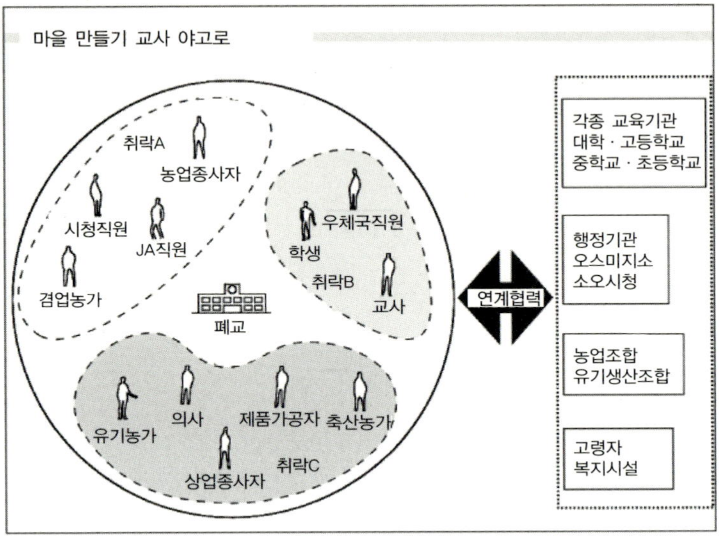

그림9 「야고로」를 유지하는 시스템

역 내에는 막대한 유휴농지가 산재하고 있다. 그러나 이 마을은 배추와 수박 생산에서는 카고시마 내에서 1위를 차지하고 있으며, 돼지나 육우 생산에서도 상위를 차지하고 있다. 또한 이 지역은 아름다운 전원으로서의 「문화적 경관」이라는 자원을 가지고 있다.

원래 지역의 거점이었던 폐교를 상호 연결함으로써 다핵 네트워크를 형성할 수 있다. 이에 따라서 구 오스미쵸의 지역 재생의 벡터를 통일한다. 그리고 취락 구석구석까지 이 방향성을 침투시킨다. 그것은 맛있는 음식, 아름다운 풍경, 서로 도와서 일하는 두레와 같은 풍습으로 집약될 수 있다. 이를 위해 「마을 만들기 교사(校舍) 야고로」라는 NPO법인을 설립한다. 「야고로」란 이 지역의 전설에 나오는 거인의 이름이다. 이 NPO에는 전업농가나 겸업농가는 물론 교사, 농협직원, 공무원 등 다양한 직종의 사람들이 참여하고 있다. 야고로는 그들이 속한 조직과도 연계 협력한다(**그림9**).

야고로는 우선 폐교를 정비하고, 거기에서 지역정보를 외부로 발신하기 시작한다. 그리고 빈집이나 유휴농지의 현황을 파악하고 농업 지도자를 선정한다. 그리하여 UIJ턴의 수용체제를 정비하고, 그린 투어리즘도 수용하

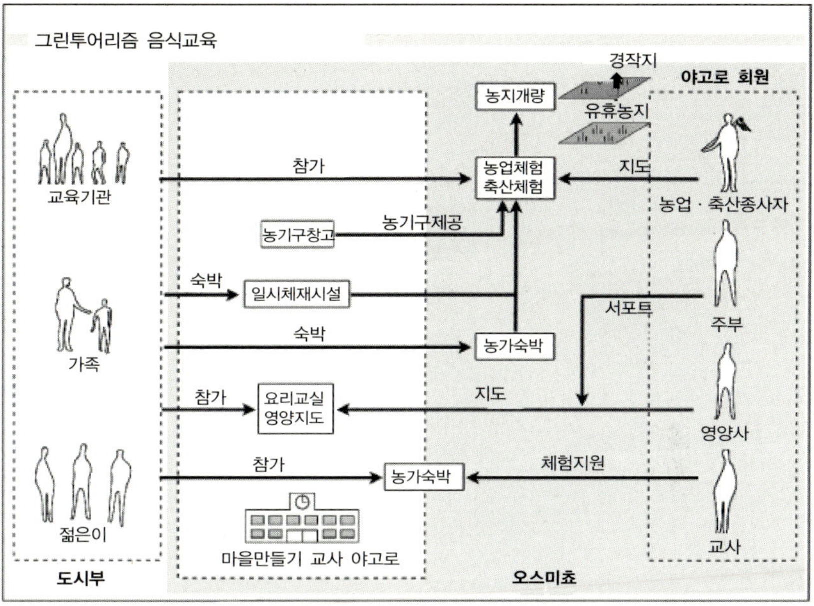

그림10 그린 투어리즘과 음식교육

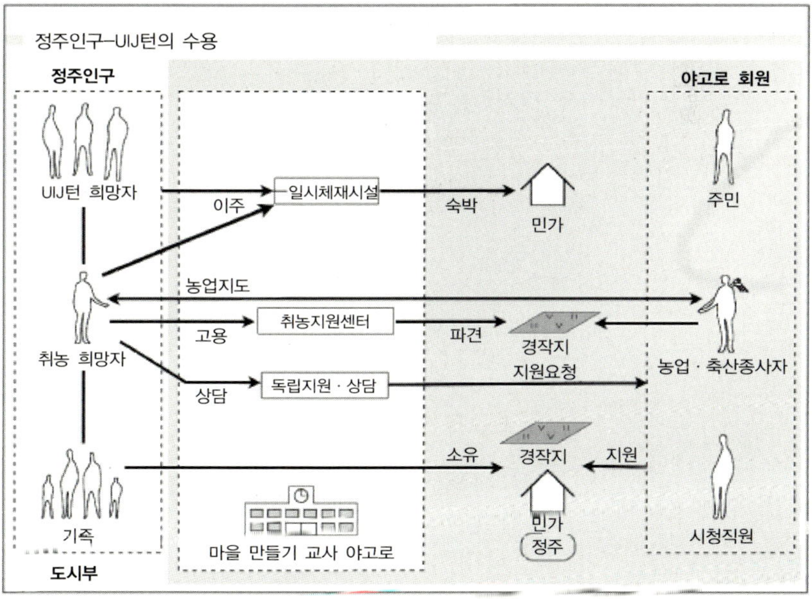

그림11 정주인구의 수용

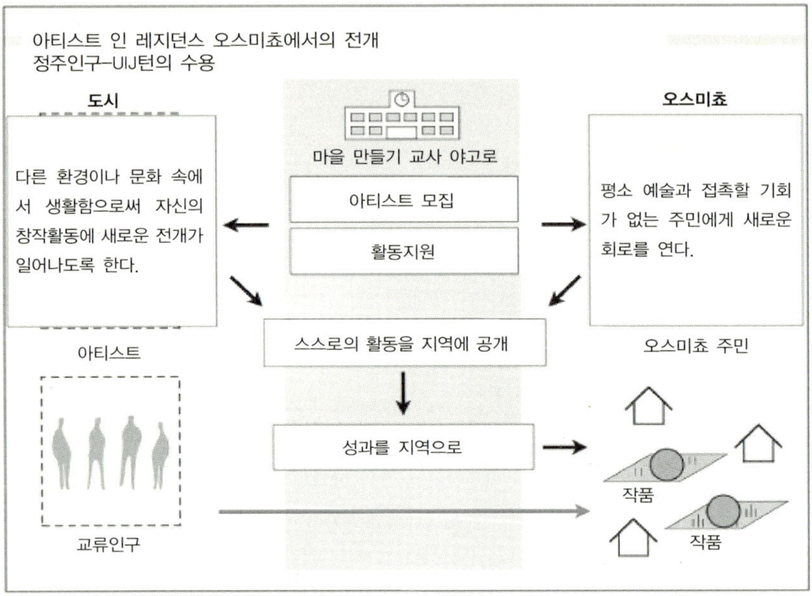

그림12 아티스트 인 레지던스 수용

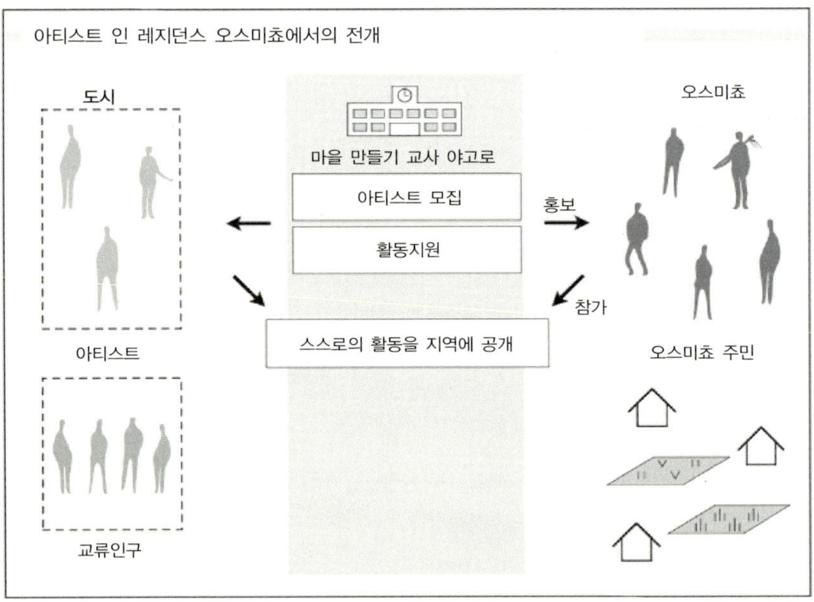

그림13 아티스트 인 레지던스의 활동

그림14 예술작품

그림15 취농체험

그림16 「야고로」에 모인 사람들

도록 한다. 그 일부는 폐교에 숙박하도록 하는 것도 생각한다. 다음으로 고용상황을 파악하여 정주 취농 희망자를 파악한다. 취농 지원센터(hello work)로서의 기능도 가지고 있는 것이다. 또한 정주 희망자를 받기 위해 빈집이나 유휴농지 정비를 한다. 그리고 독립영농의 상담·지원을 수행한다. 그러한 가운데 그 지역의 문화적 경관의 보전·계승을 수행하면서도 새로운 문화의 창출을 위해 아티스트 인 레지던스(지역에 거주하는 예술가)를 모집하여 정주하면서 활동하도록 한다. 이와 같이 폐교를 활용하면서 지역의 교류인구를 증가시키고 지역의 활력을 증진하여 새로운 매력을 창출하고자 하는 것이다(그림10~16).

8.4 농업을 엔터테인먼트로

사쿠라지마(桜島) 어라운드 원(그림17)

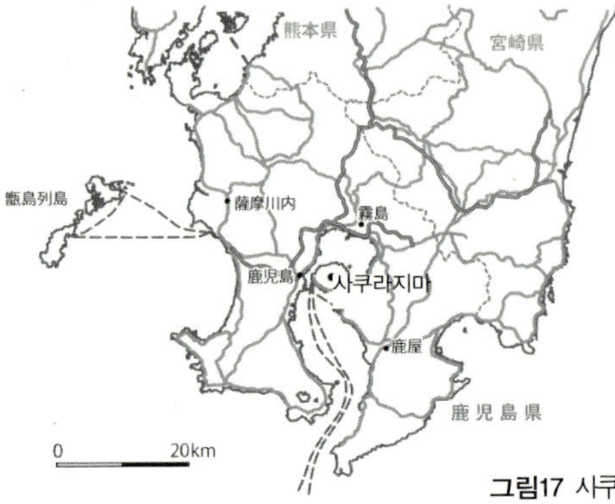

그림17 사쿠라지마의 위치도

사쿠라지마는 카고시마시에 있어서 최대의 관광자원임에도 불구하고, 그것이 충분히 활용되고 있다고는 할 수 없다. 대부분의 관광객은 카고시마를 지나 키리시마(霧島)나 이부스키(指宿)로 가 버린다. 그래서 60만 도시의 눈앞에 우뚝 솟은 사쿠라지마 그 자체를 일대 엔터테인먼트 파크로 만들어 시민이나 관광객을 불러 모으고자 한 계획이다.

사쿠라지마의 주요 산업은 농업이지만, 예외 없는 고령화로 인해 농가수가 감소하여 방치된 농지가 증가하고 있다. 한편, 전국적으로는 취농 희망자는 빠른 속도로 증가하고 있으며 2003년에는 8만 명에 달했다. 또한 이것은 결코 고령자뿐만 아니라 59세 이하의 희망자가 반수를 차지하고 있다. 또한 농업에 대한 국민의 관심이 높아져 어떤 조사에 따르면 농업 체험투어에 참여해 보고 싶다는 희망자가 절반을 차지했다.

그래서 사쿠라지마의 기능을 농업·축산·관광을 3축으로 각각이 상승효과를 발휘하도록 조합시켜 방문객의 다양한 요구에 부응할 수 있도록 한 것이다. 우선 사쿠라지마를 제로에미션의 섬으로서 자리 잡도로 하여 관광에서 나오는 식품 폐기물을 축산용 사료로 활용하고, 가축의 배설물은 퇴비화하여 농업에 활용한다. 또한, 이렇게 얻어진 식재료를 관광에 활용하는 사이클을 형성하는 것이다. 방문객은 자신의 기호에 따라서 다양한 체

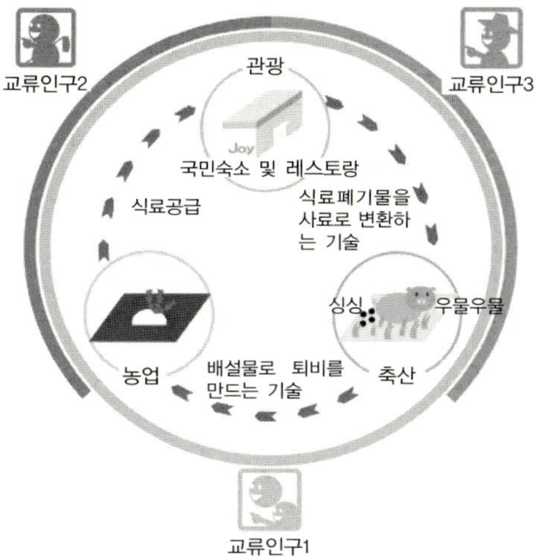

그림18 사쿠라지마 복합 엔터테인먼트화 구상과 교류인구 증대 시스템

험을 즐길 수 있다. 바꾸어 말하자면, 다양한 요구를 가진 방문객을 수용할 수 있다는 의미인 것이다. 3가지 메뉴를 예로 들어 보았다(그림18).

제1메뉴는「관광과 체험학습」코스로 시가지에 사는 아이들이 있는 가족을 상정한 것이며, 가까운 사쿠라지마에서 농장이나 목장을 방문하여, 그런 다음 그곳의 생산물을 이용한 식사를 하고 온천에 들어갔다가 되돌아오는 코스이다. 이것은 재이용자가 많은 코스이다. 어떤 조사에 따르면 이와 같은 에코 투어에 참여하고 싶다는 희망자가 약 60%나 되는 것에 비해, 한번이라도 경험이 있는 사람의 참여 희망은 90%를 넘는다는 것이다(그림19).

제2메뉴는「농업체험과 취농 준비」코스로, 시골의 삶을 동경하는 단카이(團塊)세대인 부부를 상정하고 있다. 부동산 유통경영협회가 2006년에 실시했던 조사에 따르면, 그들 가운데 약 30%의 사람들이 장래 지방도시의 교외나 농촌과 산촌에서 살고 싶다고 희망하고 있다. 그들은 사쿠라지마의 여러 곳에 마련되어 있지만 평소에는 사용되고 있지 않은 화산 활동시의 대피소를 개조한 숙소에 묵으면서 홈페이지에 게재된 사쿠라지마의 농업 이벤트에 참여함으로써 농업 체험을 거듭하여, 이윽고 농촌으로 이주할 준비를 할 수 있다(그림20).

그림19 에코 투어 참가자. 가족단위로 섬에 와서 식사나 온천, 동물과 접촉하면서 즐긴다.

그림20 취농 희망자. 정년 후에 농업 체험을 위해 섬에 다니고 있지만, 결국엔 이주를 희망하게 된다.

그림21 축산 희망자. 동물 애호가인 젊은이가 축산 도우미 자격 취득을 위해 섬에 다니고 있다.

제3메뉴는「축산체험과 축산 도우미를 목표로 한 기술 습득」코스이다. 낙농·축산 도우미는 쉴 수 없는 낙농가의 노동조건을 개선하기 위해 마련된 제도로 도우미 이용 농가수는 전국적으로 2만 세대 넘어 계속적으로 증가하고 있으며, 낙농 도우미의 수도 증가하고 있지만, 요구에 충분히 부응할 수 있는 수준에까지는 이르지 못했다. 이 자격인증을 위해서는 정해진 연수를 받지 않으면 안 된다. 여기에서 상정하고 있는 것은 도시에 사는 동물 애호 독신자로 샐러리맨에서의 전직을 희망하고 있는 인물이다. 그는 시내에서 페리로 농장에 다니면서 각종 연수 코스를 습득하는 것이 가능하다(그림21).

이와 같은 시스템을 운영하는 조직에 학생들은「어라운드 원」이라는 이름을 붙여 이것을 마을 안에 있는 다양한 엔터테인먼트 시설과 동격으로 취급, 가벼운 마음으로 시민들이 이용할 수 있도록 의도했다. 또한, 이 시스템을 유지하기 위해 사쿠라지마의 농업자에게 농업 법인을 조직해 달라는 제안을 했으며, 또한 식품 리사이클법, 가축배설물법 등을 참조하면서 시스템 만들기 연습을 했다. 더불어 「바이오 매스의 순환체제 조성 교부금」의 교부도 고려하고 있다.

농업을 엔터테인먼트로서 자리 잡도록 한 발상은 특히 도시의 교외부에서 앞으로 발전할 가능성을 가지고 있을 것이다.

8.6 환경공생형 내륙 양식장

킨부(金峰) 마린팜(그림22)

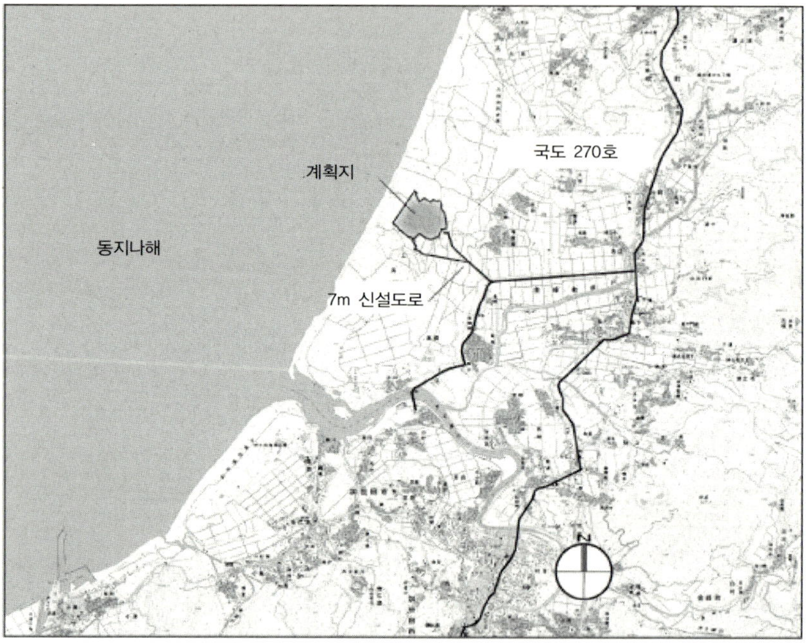

그림22 킨부마찌의 위치도

이 프로젝트는 일본 최대의 육상 양식장을 카고시마현 서부의 동지나해에 면한 모래언덕 지대에 설립하여 이 지역의 새로운 산업으로서 육성하고자 하는 구상이다. 수산물을 둘러싼 세계적인 환경의 변화에 대해서는 이미 언급한바 있지만, 국내에서도「지속적 수산양식법」의 제정에 의해 해상 양식장의 신설이 기본적으로 금지된 결과, 앞으로 수요가 높아질 양식장에 대해서는 육상에 설치하지 않을 수 없는 사태에 이르고 있다. 어찌 보면 가축 사육이 육상의 축사나 목장에서 이루어지고 있는 것과 마찬가지로 육상에서 어패류를 사육하는 목장과 같은 컨셉으로 양식이 자리 잡도록 해야 하는 시점에 필요성이 생긴 것이다(그림23).

지금까지도 담수어의 양식은 육상에서 이루어지고 있었다. 중국에서는

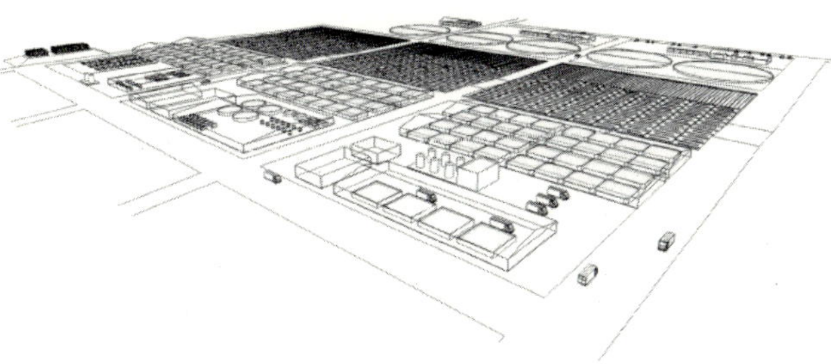

그림23 킨부 마린팜의 컨셉

세계 3분의 1 수준의 수산자원을 소비하고 있는데, 그 대부분을 이 담수 양식이 차지하고 있다. 필자도 카고시마 대학과 협정 관계에 있는 중국 내륙의 호남성에 있는 호남대학에서 각종 담수어 요리를 맛본 적이 있는데, 확실히 말해서 해수어에 비해서 뭔가 임팩트가 충분하지 않기 때문에 맵게 하거나 튀기거나 하는 경우가 많아 잠재적인 해수어 수요는 급격히 증가할 것이라고 예상된다.

그러나 육상에서 해수어를 양식하기 위해서는 다양한 장애가 있다. 동남아시아 여러 나라에서는 해안의 망글로브 숲을 벌채하여 거기에 새우 양식장을 만들어 환경을 파괴한다거나, 논에 해수를 끌어들여 역시 새우를 양식하여 주변에 소금피해를 입히는 등 사회적으로 비판이 높아지고 있다. 더불어 내륙부에 건설하게 되면 해수 수송비용이 문제가 된다. 그래서 해수의 유효 성분만을 추출하여 물에 녹인다거나, 해수를 순환 이용하는 등 소비량을 줄이는 연구가 이루어지고 있다.

폐쇄된 환경에서 어류를 사육할 때 문제가 되는 것은 수중 산소의 부족과 탄산가스의 증가로 질식하는 것과 분뇨에 의한 질소분과 소산염의 증대 등이다. 이것이 사실은 해상 양식장 환경오염의 중대한 원인이기도 한 것이다. 이 문제를 해결하기 위해 장기간에 걸친 카고시마현 히가시마찌 어협과 협력하여 환경공생형 양식법을 개발해 온 것이 카고시마 대하 수산학부의 카도와키 유사쿠(門脇秀策) 교수이다. 그가 관심을 가졌던 것이 해조(海藻)이다. 육상의 식물과 마찬가지로 해조도 탄산동화작용에 의해 수중의 탄산가스를 흡수하여 산소를 방출한다. 아쿠아리움이라는 대수조에 수

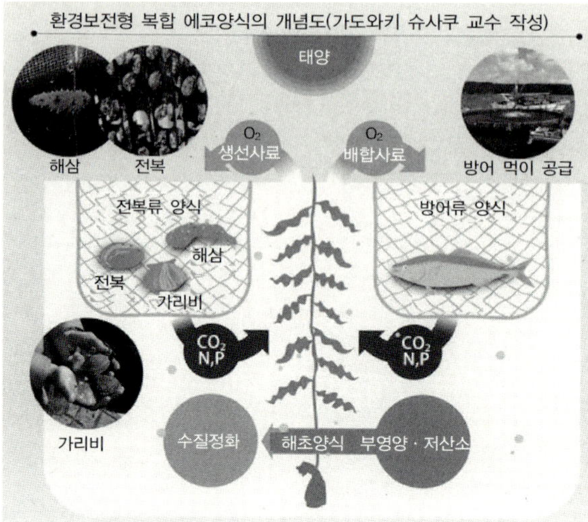

그림24 환경공생형 양식 시스템

초를 심어 즐기는 애호가는 소형 가스펌프로 탄산가스를 보급하고 있는데, 양식장에서는 물고기가 그 역할을 하는 것이다(**그림24**).

그렇게 키운 해조류는 전복의 좋은 먹이가 되기도 한다. 전복은 건조시키면 중국 시장에서 매우 높은 가격에 거래되는 상품이 된다. 어류나 전복의 배설물은 해저에서 자라는 해삼이나 범부채조개 등의 먹이가 된다. 이렇게 해서 폐기물 대부분은 재이용되는 것이다. 이것을 환경 공생형이라고 하는 이유인 것이다. 또한 해조류 그 자체도 상품으로 만드는 것이 가능하다. 카이세키 요리에 곁들이는 야채나 해초, 건강식품으로서 진귀한 대우를 받는 바다 포도는 높은 수요에 공급이 따라가지 못해 1킬로당 1만엔에 거래되고 있는데, 카도와키 슈사쿠(門脇秀策) 교수는 이 기술을 개발하여 도쿠시마(德島)의 플랜트에서 양식하고 있다. 중국의 600만 도시 대련에서는 근해에서 다시마 양식을 대대적으로 하고 있다. 대련에 국한된 것이 아니라, 복건성 이북의 연안 지방에서는 다시마 양식이 시작된 덕분에 어류가 증가하여 어획량도 그에 따라서 비약적으로 신장되었다고 한다. 다시마는 식용으로서 이용되는 외에, 요오드를 추출하여 요오드 계란 생산에 기여하고 있다고 한다. 더불어 카도와키 슈사쿠 교수는 해조류에서 바이오

그림25 킨부 마린팜의 배치도

에탄올을 추출할 수 없는지를 검토하고 있다. 이것이 가능하다면, 육상식물과 같이 식량에 영향을 미치는 일 없이 열대우림을 파괴하는 일도 없기 때문에 이상적이라는 것이다.

「킨부(金峰) 마린팜」은 중국에 가깝다는 입지를 살려 13억 명의 인구 안에 1억이 넘는 사람들의 연간 수입이 일본인 이상이라는 시장을 타깃으로 상품 개발과 브랜드 확립을 목표로 하고 있다. 한편, 카고시마 대학과 연계하여 인재 육성과 연구 개발도 진행하고 싶다고 생각하고 있다. 이 프로젝트에는 도시계획가로 토우인요코하마(桐蔭横浜) 대학 교수인 타무라 카즈히사(田村和寿)가 처음부터 관련되어 있었으며, 필자[마쓰나가(松永)]도 계획 입안 면에서 산학 연계나 지역 연계를 도와 왔다. 양식이나 판매 실무에 관해서는 사가현(佐賀縣) 요부코(呼子)의 「개복치」로 고품질의 자지복 양식을 성공시킨 야나가와 젠코(柳川善弘)가 참여하고 있다.

이 시설은 가축화 된 고품질의 어패류를 사육하는 목장이며, 토막이나 그 외의 가공식품으로 만들어 부가가치를 높이는 공장이기도 하다. 그리고 지역에 많은 사람들을 불러 모으는 상업시설이기도 하며, 기술혁신 및 상품개발을 위한 연구시설이기도 하다. 또한 장래적으로는 이와 같은 산업인재를 육성하는 장으로서 기능하기를 바라고 있다. 말할 필요도 없이 지금까지 농업 이외에 산업이 없었던 이 지역에 새로운 사업을 일으켜 고용을 창출한 것에 대한 의의는 크다(그림25).

후 기

「머리말」에도 언급한 바와 같이, 본서 집필의 근간이 되었던 조사 연구는 재단법인 요네모리(米盛)성심육성회의 보조를 받고 있다. 또한 그 이전에 일본학술진흥회의 과학연구비를 받아서 실시되었던 조사내용도 바탕으로 하고 있다. 이 조사연구에는 카고시마(鹿児島)대학 공학부 건축학과 도시디자인 연구실의 멤버가 참여하여 프로젝트 작성에 있어서는 카고시마대학 이공학연구과 건축학 전공 박사 전기 과정의 학생 및 근대건축연구소의 멤버가 참여했다. 이탈리아의 조사에 대해서는 슬로우 푸드 재팬의 부회장인 요시카이 토시야(吉開俊也) 및 슬로우푸드협회 본부의 이시다 가호(石田雅芳)의 협력을 얻은 외에 진나이 히데노부(陣内秀信) 법정대학 교수의 소개로 동 교수의 제자로 당시 나폴리대학 박사과정에 재직중이던 「中橋惠」의 전면적인 협력을 얻었다. 또한 이 조사에는 도시프로듀서인 시미즈 요시츠구(清水義次)가 동행하여 다양한 시사점을 주었다. 영국에서의 조사에 있어서는 현지에 살고 있는 우루시바라 히로무(漆原弘) 박사의 협력을 얻었다. 런던에 대해서는 일본정책투자은행 런던 주재원 사무소의 구라토미 마사토시(倉富正敏)와 타츠와키 마사요시(立脇正義)가 정보를 제공해 주었다. 핀란드에서의 조사에 대해서는 현지에 살고 있는 카와무라 히로코(川村博子)의 협력이 불가결했다. 킨부(金峰) 마린팜 프로젝트 작성에 대해서는 토우인요코하마(桐蔭横浜)대학 문화정책연구소의 타무라 카즈히사(田村和寿) 교수, 카고시마대학 수산학부의 카도와키 슈샤쿠(門脇秀策) 교수의 협력을 받았다. 또한 본서의 내용 중 일부는 카고시마의 지역지인 『남일본신문』의 논설로서 발표되었다.

현지에서의 사진촬영에 대해서는 우리들 연구실 멤버의 협력을 받았다. 따로 언급하지는 않았지만, 크레딧은 저자 및 연구실이 갖고 있다. 도판 작성에 대해서는 대학원생인 나카무라 나오토(中村直人)군의 협력을 받았다. 제5장의 제1절 이외의 부분과 제8장의 집필은 도쿠다(德田)가 담당했으며,

그 이외 부분의 집필과 전체 정리는 마츠나가(松永)가 담당했다. 그러나 조사연구계획이나 본서 전체의 구성 등에 대해서는 두 사람이 논의를 거듭하여 결정했다. 또한 마츠나가(松永)는 2007년 3월에 동 연구실에서 정년퇴임하여 현재 근대건축연구소를 주재하고 있다. 출판에 있어서는 도움을 주신 쇼코쿠사(彰国社)의 타지리 히로히코(田尻裕彦)에게 감사드리는 바이다.

[케이스 스터디 작성 멤버]

마쿠라자키(枕崎) 슬로우 시티 … 小佐見友子, 瀬戸口晴美, 厚村まなみ, 田上ゆ里, 泊和哉

마을 만들기 교사 야고로우 … 難波友亮, 西恒智哉, 中村直人, 山崎済, 王東楊

사쿠라지마(櫻島) 어라운드 · 원 … 小田切知真, 薺藤浩文, 荒田憲二, 桜井裕, 矢山正大

저자

마츠나가 야스미츠(松永安光)

건축가, 도시디자이너, 근대건축연구소주재, 전 카고시마(鹿兒島)대학 공학부 교수.
1941년 도쿄 출생. 1965년 도쿄대학 공학부 건축학과 졸업. 1972년 허버드대학 디자인학부 석사과정 수료. 아와라(芦原)건축설계연구소, TAC를 거쳐 1980년 SKM설계계획사무소를 공동 주재. 1992년 근대건축연구소 설립. 1997년부터 2007년까지 카고시마(鹿兒島)대학 공학부 교수.
1990년 「INSCRIPTION」으로 「신일본건축가협회신인상」 수상.
2001년 「나카시마(中島)가든」으로 「일본건축학회작품상」 및 「일본건축학회작품선장」을 수상.
「쿠마모토(熊本) 시영 타쿠마(託麻)단지(쿠마모토(熊本) 아트폴리스 참가작품)」, 「마쿠하리(幕張) 베이타운 · 파티오스4번가(치바현(千葉縣) 건축문화상수상)」, 나가노시(長野市) 이마이(今井) 뉴타운 E공구(나가노 올림픽촌)」, 「환경공생주택 하모니단지」, 「환경공생주택 라멜 나카묘우(中名)단지」 등 작품 다수.
주요 저서로 「마을만들기의 신조류-콤팩트시티 · 뉴어버니즘 · 어번빌리지」(彰国社), 「건축입문-세계명작 여행 100」(彰国社) 등, 번역서로 「마니에리슴과 근대건축」(공동번역 · 彰国社), 「코린 로우는 말한다」(공동번역 · 鹿島出版会) 등이 있다.
카고시마현(鹿兒島県) 도시계획방법검토위원회회장, 카고시마현 경관 어드바이저, 카고시마시(鹿兒島市) 도시계획심의회위원 등을 역임.
http//www.m-arch.org

토쿠다 미츠히로(德田光弘)

카고시마(鹿兒島)대학 공학부 건축학과 조교.
1974년 후쿠오카(福岡) 출생. 1997년 규슈(九州) 예술공과대학 예술공학부 환경설계학과 졸업. 2001년 10월부터 2002년 9월까지 AA스쿨(런던) 유학을 거쳐 2003년 3월 규슈 예술공학대학 대학원박사 후기과정 수료. 박사(예술공학). 2003년 4월부터 카고시마대학 공학부 건축학과 조수. 2007년 4월부터 동대학 조교.
1996년 일본건축학회 설계경기 「공간의 리사이클」로 우수작품수상 등.
http//:www.aae.kagoshima-u.ac.jp

역 자

온영태

1949년 생
서울대학교 건축학과 졸업
서울대학교 환경대학원 도시 및 지역계획학 석사
미국 펜실베니아대학교 도시계획학 박사
현재 /경희대학교 교수
국토연구원 부설 건축도시공간연구소 소장
한국도시설계학회 회장

염철호

1971년 생
부산대학교 건축공학과 졸업
일본 교토대학 대학원 건축학 석사
일본 교토대학 대학원 건축학 박사
일본 주택종합연구재단 특별연구원
현재 /국토연구원 부설 건축도시공간연구소 부연구위원

지역 만들기의 신조류

슬로우시티 · 아그리투리즈모 · 네트워크

2008년 9월 5일 1판 1쇄 인쇄
2008년 9월 10일 1판 1쇄 발행

저 자	마츠나가 야스미츠 · 토쿠다 미츠히로
역 자	온영태 · 염철호
발행인	강 해 작
발행처	기 문 당
주 소	서울시 성동구 공명길 39 (하왕십리동 966-22)
전 화	02)2295-6171(代)~5
팩 스	02)2296-8188
출판등록	1976. 10. 7(1976-2)
홈페이지	http://기문당 http://www.kimoondang.com
I S B N	978-89-6225-075-6 93540
정 가	12,000원